12th Five-Year Plan Textbooks
of Software Engineering

# Android 应用程序设计

邵奇峰 李勇军 ◎ 主编
金秋 李枫 ◎ 副主编

Android Application Programming

人民邮电出版社
北京

图书在版编目（CIP）数据

Android应用程序设计 / 邵奇峰, 李勇军主编. --北京：人民邮电出版社，2015.8
普通高等教育软件工程"十二五"规划教材
ISBN 978-7-115-39765-2

Ⅰ. ①A… Ⅱ. ①邵… ②李… Ⅲ. ①移动终端—应用程序—程序设计—高等学校—教材 Ⅳ. ①TN929.53

中国版本图书馆CIP数据核字(2015)第164824号

## 内 容 提 要

本书基于作者多年的实践教学与开发经验，深入浅出地介绍了 Android 4.2 应用程序设计的核心知识和技巧，主要内容包括 Android 开发基础、Android 系统架构及应用结构、Android 界面基础、基本界面组件、高级界面组件、数据存储、BroadcastReceiver 与 Service、Handler 与 AsyncTask、定位与地图、应用调试与发布、综合应用设计与开发等。

本书内容丰富、实用性强，既可用作高等院校 Android 应用程序开发相关课程的教材，也可供相关专业人士参考。

◆ 主　编　邵奇峰　李勇军
　 副主编　金　秋　李　枫
　 责任编辑　邹文波
　 责任印制　沈　蓉　彭志环

◆ 人民邮电出版社出版发行　北京市丰台区成寿寺路11号
邮编　100164　电子邮件　315@ptpress.com.cn
网址　http://www.ptpress.com.cn
三河市潮河印业有限公司印刷

◆ 开本：787×1092　1/16
印张：11　　　　　　　　2015年8月第1版
字数：284千字　　　　　 2015年8月河北第1次印刷

定价：32.00 元

读者服务热线：(010)81055256　印装质量热线：(010)81055316
反盗版热线：(010)81055315

# 前言

作为移动开发领域中市场份额较高的嵌入式操作系统,Android 已经成为全球最受欢迎的智能移动设备平台之一。它不仅应用于智能手机程序的开发,同时也广泛用于平板电脑、消费电子、智能家电、汽车电子等领域内的综合开发,其应用领域和市场份额在急速扩张。随着国内智能手机行业的迅猛发展,各个企业对 Android 开发人才的需求量呈现爆炸式增长态势,Android 应用开发工程师成为了行业稀缺人才。

为了使学生深入地掌握 Android 应用开发方法和技巧,提升在移动开发方面的经验和能力,拓展学生的就业能力,作者根据多年的实践教学与开发经验编写了本书。全书以案例驱动来贯穿关键知识点,使学生对使用 Android SDK 4.2 进行移动应用开发有全面深入的了解,能掌握 Android 编程的基本模式,理解 Android 编程的关键技术,具备一定的 Android 编程能力,能够独立完成一个功能较全面的 Android 应用,在文档辅助下自己能进行更加深入的学习。

全书包括如下内容。

第 1 章 "Android 开发基础"介绍了 Android 的历史和特点,说明了 Android 开发环境的搭建及如何创建一个简单的 Android 应用程序。

第 2 章 "Android 系统架构及应用结构"介绍了 Android 的系统构架、应用程序框架、项目目录结构、资源文件结构和应用程序资源,最后简单介绍了 Android 应用的四大组件。

第 3 章 "Android 界面基础"介绍了 Android 的基本界面显示及线性布局、表格布局、帧布局、相对布局和网格布局等常用布局方式。

第 4 章 "基本界面组件"介绍了 Android 界面中的文本框与编辑框、按钮、单选按钮与复选按钮、图像视图、列表选择框、列表视图等基本组件,然后介绍了键盘事件、触摸事件、手势等常用事件处理,最后介绍了 Intent 的使用。

第 5 章 "高级界面组件"介绍了 Android 界面中的自动填充文本框、进度条、选项卡等高级组件,然后介绍了消息提示框、通知、对话框,最后介绍了 Android 系统中的上下文菜单、选项菜单和子菜单等菜单组件。

第 6 章 "数据存储"介绍了 Android 系统中用于存储参数的 SharedPreferences,用于存储简单内容的内部文件存储和外部文件存储,然后介绍了基于数据库的 SQLite 存储,阐述了建立数据库的 SQLiteOpenHelper 类和操作数据库的 SQLiteDatabase 类,最后介绍了 ContentProvider 的使用和构建。该章还着重讲解了基于 SQLite 的 Android 应用案例"通信录"和基于 ContentProvider 的 Android 应用案例"通信录 2"的开发方法。

第 7 章 "BroadcastReceiver 与 Service"先介绍了 Android 中的广播 BroadcastReceiver 的发送和接收,然后介绍了 Android 的后台服务 Service 的构建、启动和停止。该章还着重讲述了基于 BroadcastReceiver 的 Android 应用案例"来电归属地显示"和"开机自启动应用"的开发方法,以及基于 Service 的 Android 应用案例"播放背景音乐"的开发方法。

第 8 章"Handler 与 AsyncTask"首先分析了 Android 中的主线程与工作线程,即 Handler 与 AsyncTask 的工作背景,然后介绍了 Handler 与 AsyncTask 的使用。该章还着重讲述了基于 AsyncTask 的 Android 应用案例"电话区号查询"和"访问 MySQL 数据库"的开发方法。

第 9 章"定位与地图"首先介绍了访问 Android 系统位置服务的 LocationManager 类与 LocationClient 类,然后阐述了 Google Maps Android API v2 的安装及其 API Key 的申请,最后介绍了 GoogleMap 的使用及其标记与画线功能。该章还着重讲述了基于 GoogleMap 的 Android 应用案例"足迹追踪"的开发方法。

第 10 章"应用调试与发布"首先介绍了 Eclipse 平台下自带的调试工具,然后着重介绍了 Android 开发环境下的 Log 类和 LogCat 视图、Toast 类、DDMS 透视图等常用的调试方法与调试工具,最后介绍了如何发布一个 Android 应用到手机应用市场。

第 11 章"综合应用设计与开发"主要基于蓝牙的点对点通信功能,设计了一款聊天应用,实现了两个移动设备之间的近距离聊天通信。通过该案例的讲解,开发者将了解如何开发一个综合的 Android 应用程序。

限于篇幅,书中的案例只给出了主要功能的源代码,完整系统的代码与相关资源可在人民邮电出版社教学服务与资源网站(www.ptpedu.com.cn)下载。

本书由中原工学院软件学院邵奇峰、李勇军担任主编,计算机学院金秋、李枫担任副主编。其中,金秋编写第 1 章和第 2 章,李勇军编写第 3 章～第 5 章,邵奇峰编写第 6 章～第 9 章,李枫编写了第 10 章和第 11 章,全书由邵奇峰统稿。此外,参与本书编写工作的还有裴斐、刘安战和韩玉民,这里对他们的辛苦工作表示衷心的感谢。

在本书的编写过程中,得到中原工学院软件学院车战斌院长的指导和帮助,在此表示衷心的感谢。

由于编者能力和水平有限,书中难免存在错误和疏漏之处,希望读者能毫无保留地提出所发现的问题,与编者共同讨论。编者的邮箱为 shao@whu.edu.cn。

编 者
2015 年 5 月

# 目 录

## 第 1 章　Android 开发基础 ·········· 1
### 1.1　Android 简介 ························ 1
#### 1.1.1　Android 的历史 ············· 1
#### 1.1.2　Android 的特点 ············· 2
### 1.2　搭建开发环境 ····················· 3
#### 1.2.1　下载和安装 JRE ············ 3
#### 1.2.2　下载和安装 Android SDK 和 ADT ·· 3
#### 1.2.3　管理 SDK 和 AVD ········· 4
### 1.3　创建第一个 Android 应用程序 ······ 6
### 1.4　小结 ······························ 9
### 习题 ································· 9

## 第 2 章　Android 系统架构及应用结构 ·· 10
### 2.1　Android 系统架构 ················· 10
### 2.2　Android 应用程序框架 ············ 12
### 2.3　Android 项目目录结构 ············ 13
### 2.4　AndroidManifest.xml 文件结构 ····· 14
### 2.5　Android 应用程序资源 ············ 15
### 2.6　Android 应用程序组件 ············ 16
#### 2.6.1　Activity（Android 的窗体）·· 16
#### 2.6.2　Service（服务）············ 16
#### 2.6.3　Broadcast Receiver（广播接收器）·· 17
#### 2.6.4　ContentProvider（内容提供者）·· 17
### 2.7　小结 ····························· 17
### 习题 ································ 18

## 第 3 章　Android 界面基础 ·········· 19
### 3.1　Android 界面显示 ················· 19
#### 3.1.1　XML 布局 ·················· 20
#### 3.1.2　代码布局 ·················· 20
#### 3.1.3　混合方式 ·················· 21
#### 3.1.4　自定义 View ··············· 22
### 3.2　Android 界面布局 ················· 23

### 3.2.1　线性布局 ·················· 24
### 3.2.2　表格布局 ·················· 26
### 3.2.3　帧布局 ···················· 27
### 3.2.4　相对布局 ·················· 28
### 3.2.5　网格布局 ·················· 29
### 3.3　小结 ····························· 30
### 习题 ································ 30

## 第 4 章　基本界面组件 ············· 31
### 4.1　基本组件 ························· 31
#### 4.1.1　文本框及编辑框 ··········· 31
#### 4.1.2　按钮 ······················ 33
#### 4.1.3　单选按钮及复选按钮 ······ 35
#### 4.1.4　图像视图 ·················· 36
#### 4.1.5　列表选择框 ··············· 36
#### 4.1.6　列表视图 ·················· 38
### 4.2　事件处理 ························ 40
#### 4.2.1　键盘事件 ·················· 40
#### 4.2.2　触摸事件 ·················· 41
#### 4.2.3　手势 ······················ 42
### 4.3　Intent 的使用 ····················· 44
### 4.4　小结 ····························· 47
### 习题 ································ 47

## 第 5 章　高级界面组件 ············· 48
### 5.1　高级组件 ························· 48
#### 5.1.1　自动填充文本框 ··········· 48
#### 5.1.2　进度条 ···················· 50
#### 5.1.3　选项卡 ···················· 51
### 5.2　消息提示框与对话框 ············· 53
#### 5.2.1　消息提示框 ··············· 53
#### 5.2.2　通知（Notification）········ 55
#### 5.2.3　对话框 ···················· 55
### 5.3　菜单 ····························· 58
#### 5.3.1　上下文菜单 ··············· 58
#### 5.3.2　选项菜单 ·················· 60

5.3.3 子菜单 ································· 60
5.4 小结 ······································· 62
习题 ············································ 62

## 第6章 数据存储 ························· 63
6.1 SharedPreferences ·················· 63
  6.1.1 SharedPreferences 简介 ······ 63
  6.1.2 SharedPreferences 示例 ······ 64
6.2 文件存储 ································· 66
  6.2.1 内部存储简介 ····················· 66
  6.2.2 内部存储示例 ····················· 67
  6.2.3 外部存储简介 ····················· 69
  6.2.4 外部存储示例 ····················· 70
6.3 SQLite 存储 ···························· 72
  6.3.1 SQLite 数据库 ····················· 72
  6.3.2 建立数据库
       （SQLiteOpenHelper）········· 73
  6.3.3 操作数据库
       （SQLiteDatabase）············ 75
  6.3.4 SQLite 应用——通信录 ······· 78
6.4 ContentProvider ······················ 84
  6.4.1 ContentProvider 简介 ········· 84
  6.4.2 构建 ContentProvider ········· 85
  6.4.3 ContentProvider 应用——
       通信录2 ······························ 89
6.5 小结 ······································· 92
习题 ············································ 93

## 第7章 BroadcastReceiver 与
         Service ······························ 94
7.1 BroadcastReceiver ··················· 94
  7.1.1 BroadcastReceiver 简介 ······ 94
  7.1.2 BroadcastReceiver 应用——开机
       自启动应用 ·························· 94
  7.1.3 发送和接收广播 ·················· 95
  7.1.4 BroadcastReceiver 应用——来电
       归属地显示 ·························· 97
7.2 Service ································· 100
  7.2.1 Service 简介 ····················· 100
  7.2.2 构建 Service ····················· 101
  7.2.3 启动和停止 Service ··········· 102

7.2.4 Service 应用——播放背景音乐······ 104
7.3 小结 ······································ 105
习题 ············································ 105

## 第8章 Handler 与 AsyncTask ······· 106
8.1 主线程与工作线程 ·················· 106
8.2 Handler ································· 106
  8.2.1 Handler 简介 ···················· 106
  8.2.2 用 sendMessage()方法更新 UI ····· 108
  8.2.3 用 post()方法更新 UI ········· 109
8.3 AsyncTask ····························· 110
  8.3.1 AsyncTask 简介 ················ 110
  8.3.2 AsyncTask 示例 ················ 111
  8.3.3 AsyncTask 应用——电话区号
       查询 ································· 113
  8.3.4 AsyncTask 应用——访问 MySQL
       数据库 ······························ 115
8.4 小结 ······································ 116
习题 ············································ 117

## 第9章 定位与地图 ······················ 118
9.1 定位 ······································ 118
  9.1.1 LocationManager 简介 ······ 118
  9.1.2 LocationManager 示例 ······ 119
  9.1.3 LocationClient 简介 ·········· 121
  9.1.4 安装 Google Play Services SDK ··· 123
  9.1.5 LocationClient 示例 ·········· 124
9.2 地图 ······································ 126
  9.2.1 GoogleMap 简介 ··············· 126
  9.2.2 申请 API Key ···················· 127
  9.2.3 GoogleMap 示例 ··············· 129
  9.2.4 标记与画线 ······················ 132
  9.2.5 GoogleMap 应用——足迹追踪 ···· 133
9.3 小结 ······································ 136
习题 ············································ 136

## 第10章 应用调试与发布 ·············· 137
10.1 使用 Eclipse 开发平台调试 ····· 137
  10.1.1 设置断点 ························ 137
  10.1.2 调试程序 ························ 137
  10.1.3 排除与修改程序的错误 ···· 138
10.2 利用 Log 类和 LogCat 视图调试 ···· 140

10.2.1　Log 类 ················· 140
　　10.2.2　LogCat 视图 ············ 142
10.3　利用 Toast 类调试 ············ 143
　　10.3.1　Toast 的类常量和类方法 ···· 143
　　10.3.2　Toast 的基本使用方法 ····· 143
　　10.3.3　Toast 通告信息的定位 ····· 144
　　10.3.4　Toast 视图的自定义 ······ 144
10.4　利用 DDMS 透视图进行调试 ····· 145
　　10.4.1　打开 DDMS ············ 145
　　10.4.2　DDMS 与调试器的交互 ···· 145
　　10.4.3　使用 DDMS ············ 146
10.5　发布 Android 应用 ············ 149
　　10.5.1　准备发布应用 ··········· 149
　　10.5.2　规划应用程序版本 ········ 151
　　10.5.3　签名应用程序 ··········· 151
　　10.5.4　确定发布方式 ··········· 153
习题 ··························· 154

## 第 11 章　综合应用设计与开发 ······ 155
11.1　需求分析 ·················· 155
11.2　界面设计 ·················· 156
11.3　模块设计 ·················· 158
11.4　程序设计 ·················· 158
习题 ··························· 166

## 参考文献 ······················ 167

# 第 1 章
# Android 开发基础

Android 是一种基于 Linux 的自由及开放源代码的操作系统，由 Google 公司和开放手机联盟领导和开发，主要使用在移动设备上，如智能手机和平板电脑。2012 年 11 月数据显示，Android 占据全球智能手机操作系统市场 76%的份额，中国市场占有率为 90%。本章将介绍 Android 的基本知识及 Android 开发环境的搭建。

## 1.1 Android 简介

Android 一词的本义指"机器人"，也是 Google 于 2007 年 11 月 5 日宣布的基于 Linux 平台的开源手机操作系统的名称，该平台由操作系统、中间件、用户界面和应用软件组成。

### 1.1.1 Android 的历史

2003 年 10 月，Andy Rubin（安迪鲁宾）等人创建 Android 公司，并组建 Android 团队。

2005 年 8 月 17 日，Google 低调收购了成立仅 22 个月的高科技企业 Android 及其团队。安迪鲁宾成为 Google 公司工程部副总裁，继续负责 Android 项目。

2007 年 11 月 5 日，Google 公司正式向外界展示了这款名为 Android 的操作系统，并且在这天 Google 宣布建立一个全球性的联盟组织——开放手持设备联盟（Open Handset Alliance），该组织由几十家手机制造商、软件开发商、电信运营商以及芯片制造商共同组成，共同研发改良 Android 系统。这一联盟将支持 Google 发布的手机操作系统以及应用软件，Google 以 Apache 免费开源许可证的授权方式，发布了 Android 的源代码。

2008 年，在 Google I/O 大会上，Google 提出了 Android HAL 架构图，在同年 8 月 18 号，Android 获得了美国联邦通信委员会（FCC）的批准，在 2008 年 9 月，Google 正式发布了 Android 1.0 系统，这也是 Android 系统最早的版本。

2009 年 4 月，Google 正式推出了 Android 1.5 版本，从 Android 1.5 版本开始，Google 开始将 Android 的版本以甜品的名字命名，Android 1.5 命名为 Cupcake（纸杯蛋糕）。该系统与 Android 1.0 相比有了很大的改进。

2009 年 9 月，Google 发布了 Android 1.6 的正式版，并且推出了搭载 Android 1.6 正式版的手机 HTC Hero（G3），凭借着出色的外观设计以及全新的 Android 1.6 操作系统，HTC Hero（G3）成为当时全球最受欢迎的手机。Android 1.6 也有一个有趣的甜品名称，它被称为 Donut（甜甜圈）。

2010 年 10 月，Google 宣布 Android 系统达到了第一个里程碑，即电子市场上获得官方数字认证的 Android 应用数量已经达到了 10 万个，Android 系统的应用增长非常迅速。在 2010 年 12 月，Google 正式发布了 Android 2.3 操作系统 Gingerbread（姜饼）。

2011 年 1 月，Google 称每日的 Android 设备新用户数量达到了 30 万部，到 2011 年 7 月，这个数字增长到 55 万部，而 Android 系统设备的用户总数达到了 1.35 亿，Android 系统已经成为智能手机领域占有量最高的系统。

2011 年 8 月 2 日，Android 手机已占据全球智能机市场 48%的份额，并在亚太地区市场占据统治地位，终结了 Symbian（塞班系统）的霸主地位，跃居全球第一。

2011 年 9 月，Android 系统的应用数目已经达到了 48 万，而在智能手机市场，Android 系统的占有率已经达到了 43%，继续排在移动操作系统首位。Google 发布全新的 Android 4.0 操作系统，这款系统被 Google 命名为 Ice Cream Sandwich（冰激凌三明治）。

2012 年 1 月 6 日，Google 应用商店已有 10 万开发者推出超过 40 万活跃的应用，大多数的应用程序为免费。

2014 年 6 月 25 日，Google I/O 大会在旧金山的 Moscone Center West 举行。在这次大会上发布了最新版的 Android 操作系统。从这个版本开始，Android 系统不再以数字命名，而是以字母代替。此次推出的新版本叫"L"。虽然 Google 并没有明确说明"L"代表什么，但结合此次大会的情况，可以很清晰地看到 Android 系统将不再局限于智能手机，而是力图覆盖可穿戴设备、TV、车载系统等其他人们日常生活所密切接触的方方面面。

### 1.1.2　Android 的特点

#### 1. 开放性

Android 平台最大的优势就是其开放性，开放的平台允许任何移动终端厂商加入到 Android 联盟中来。显著的开放性可以使其拥有更多的开发者，随着用户和应用的日益丰富，一个崭新的平台也将很快走向成熟。

开放性对于 Android 的发展而言，有利于积累人气，这里的人气包括消费者和厂商，而对于消费者来讲，最大的受益正是丰富的软件资源。开放的平台也会带来更大竞争，如此一来，消费者将可以用更低的价位购得心仪的手机。

#### 2. 挣脱运营商的束缚

在过去很长的一段时间，特别是在欧美地区，手机应用往往受到运营商制约，使用什么功能，接入什么网络，几乎都受到运营商的控制。随着 EDGE、HSDPA 这些 2G 至 3G 移动网络的逐步过渡和提升，手机随意接入网络已不是运营商口中的笑谈，互联网巨头 Google 推动的 Android 终端天生就有网络特色，将让用户离互联网更近。

#### 3. 丰富的硬件选择

这一点还是与 Android 平台的开放性相关，由于 Android 的开放性，众多的厂商会推出千奇百怪、功能特色各具千秋的多种产品。而功能上的差异和特色，却不会影响到数据同步，甚至软件的兼容。

#### 4. 不受任何限制的开发商

Android 平台提供给第三方开发商一个十分宽泛、自由的环境，不会受到各种条条框框的阻挠，可想而知，会有多少新颖别致的软件诞生。

#### 5. 无缝结合的 Google 应用

如今叱咤互联网的 Google 已经走过十多年的历史，从搜索巨人到全面的互联网渗透，Google

服务如地图、邮件、搜索等已经成为连接用户和互联网的重要纽带，而 Android 平台手机将无缝结合这些优秀的 Google 服务。

## 1.2 搭建开发环境

Android 应用程序是由 JAVA 语言开发的。Android 本身不是一个语言，而是一个运行应用程序的环境。这样，理论上可以使用任何发布或者综合开发环境（IDE）来开发。开放手机联盟和 Google 认同一个 JAVA 的 IDE，那就是 Eclipse。当然，Eclipse 也并非完美，由于 Eclipse 不是专为 Android 开发而设计的，因此存在很多缺点。Google 公司在 2013 年的 I/O 大会上发布了 Android Studio——专为 Android 应用开发而设计的开发环境。该工具的开发环境和模式更加丰富和便捷，能够支持多种语音，还可以为开发者提供测试工具和各种数据分析。由于该工具目前还是测试版（最新版本 0.2.x），因此本书还是以传统的 Eclipse 为开发环境来介绍。

### 1.2.1 下载和安装 JRE

在下载和安装 Eclipse 之前，必须确保在电脑上下载并安装了 Java Runtime Environment（JRE，Java 运行时环境）。因为 Eclipse 作为一个程序是由 Java 语言写成，它要求 JRE 来运行。如果 JRE 没有安装或被检测到，打开 Eclipse 时会看见错误提示。

JRE 允许在电脑上运行 Java 基础的应用程序，但是它不允许创建 Java 应用程序。要创建 Java 应用程序，需要下载并安装 Java Development Kit（JDK）。这个开发工具包含了创建 Java 应用程序所需的所有工具和库。

通过浏览器访问 Java 的下载页面（http://java.com/zh_CN/download/index.jsp），如图 1-1 所示。正常情况下只需要 JRE 来运行 Eclipse，但是对于开发 Android 应用程序来说，应当下载包含了 JRE 的完整的 JDK。

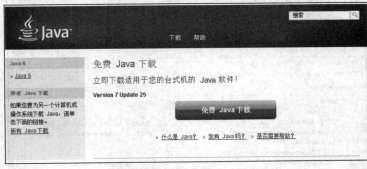

图 1-1　JRE 下载页面

运行下载下来的 exe 文件，建议用户按照软件的默认设置来安装，以避免出现意外情况。

### 1.2.2 下载和安装 Android SDK 和 ADT

原先搭建 Android 开发环境时，需要分别下载 Eclipse、Android SDK 和 ADT（Android Developer Tools），现在，Google 已经将三者集成在了一起，无须再分别下载配置了。

用浏览器访问 Android 开发者网站（http://developer.android.com/sdk/index.html），如图 1-2 所

示。单击"Download the SDK"即可下载集成 SDK。

图 1-2　集成开发环境下载

将下载下来的文件（如 adt-bundle-windows-x86-20130522.zip）解压缩，压缩包中包括 Eclipse、最新版的 Android SDK 和 ADT，直接启动 Eclipse 即可。

## 1.2.3　管理 SDK 和 AVD

在下载的集成开发环境中，只包含最新版本的 Android SDK（目前为 4.2 版），如果要开发其他版本的 Android 应用程序还需通过 Android SDK Manager 程序联网下载。同时，应用程序的调试需要虚拟机（Android Virtual Device，AVD）来运行，因此，开发者必须掌握 Android Virtual Device Manager 程序的使用。

启动集成开发环境 Eclipse，单击如图 1-3 所示的红色圈出的图标，启动 Android SDK Manager 程序。

SDK 管理程序如图 1-4 所示，通过这个程序可以管理开发所需的各种工具和不同版本的 SDK。选择需要的包（Packages），也就是选择不同的版本，单击"Install"按钮即可。

图 1-3　启动 Android SDK Manager 程序

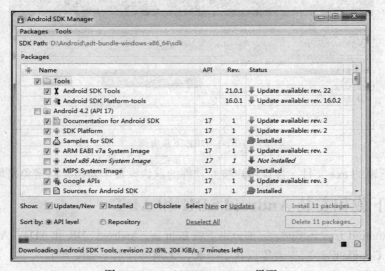

图 1-4　Android SDK Manager 界面

Android 虚拟机管理是经常会用到的功能，单击"Android Virtual Device Manager"按钮，即可启动虚拟机管理程序，如图 1-5 所示。

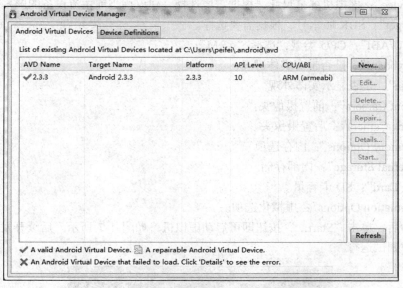

图 1-5　AVD Manager 界面

单击"New..."按钮，创建一个虚拟机，如图 1-6 所示。

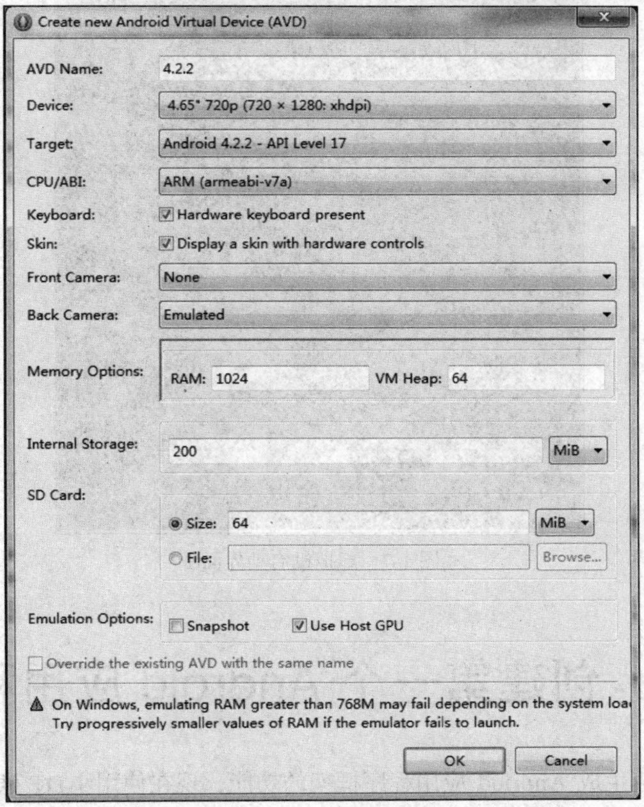

图 1-6　创建虚拟机

图 1-6 中的各选择含义如下：
- "AVD Name"：虚拟机名称，建议用 SDK 版本号命名，以便识别。
- "Device"：虚拟机屏幕尺寸，根据需要选择，建议用当前主流设备的屏幕尺寸。
- "Target"：SDK 版本号，根据需要选择。
- "CPU/ABI"：CPU 类型，选择 "ARM"。
- "Keyboard"：是否带有实体键盘。
- "Skin"：是否显示实体外观。
- "Front Camera"：前置摄像头。
- "Back Camera"：后置摄像头。
- "Memory Options"：内存选项。
- "Internal Storage"：内部存储。
- "SD Card"：SD 卡容量。
- "Emulation Options"：虚拟化选项。

创建成功后，单击 "Start…" 按钮即可启动虚拟机，如图 1-7 所示。后续开发应用程序，即可在虚拟机中调试运行。

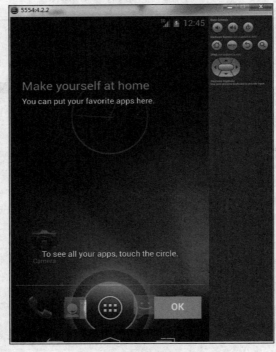

图 1-7 虚拟机启动界面

## 1.3 创建第一个 Android 应用程序

ADT 提供了快速生成 Andriod 应用程序框架的功能，现在使用 ADT 通过 Eclipse 创建一个 Android 应用，其步骤如下。

（1）打开 Eclipse 开发工具，新建一个项目，在弹出的"New Project"对话框的列表中展开"Android"项，然后选择"Android Application Project"子项，如图 1-8 所示。

图 1-8　新建一个 Android 工程

（2）单击"Next"按钮，在"Project Name"文本框中输入"HelloAndroid"，然后在"Target SDK"选项框中选择"API 17:Android 4.2"，在 Application Name 文本框中输入这个应用程序的名字（HelloAndroid），在"Package Name"文本框中输入应用程序包的名字（com.example.helloandroid），其他选项用默认值即可，如图 1-9 所示。其中，"Minimum Required SDK"选项是指应用程序所支持的最低 Android 版本，低于此版本的手机将无法安装该应用程序。"Theme"选项是默认的界面外观。

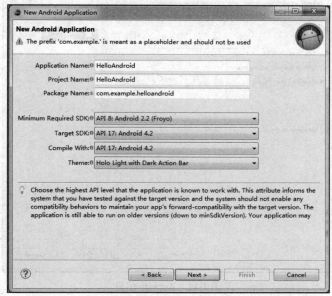

图 1-9　新建 HelloAndroid 工程

（3）单击"Next"按钮，此界面需要确认是否创建默认图标"icon"，是否创建默认 Activity 及创建位置等信息，如图 1-10 所示，使用默认值即可。

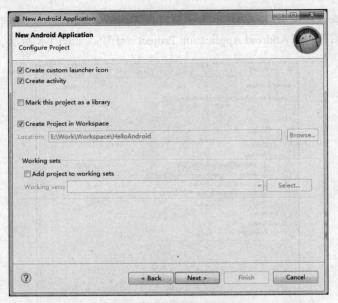

图 1-10　工程配置信息

（4）单击"Next"按钮，此界面需要确认图标样式，使用默认值即可。

（5）单击"Next"按钮，此界面需要确认 Activity 样式，使用默认值即可。

（6）单击"Next"按钮，在此界面输入 Activity 名称、布局（Layout）名称等信息，如图 1-11 所示，使用默认值即可。

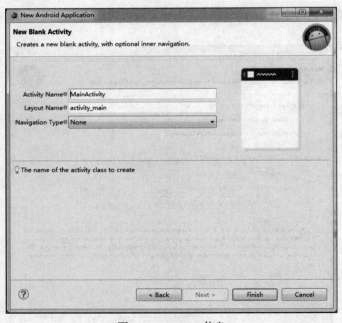

图 1-11　Activity 信息

（7）单击"Finish"按钮，此时 Eclipse 会自动完成 Android 项目的创建。这时 Eclipse 开发平台左边的导航器中显示了刚才创建的项目"HelloAndroid"。如果没有出现导航器，则可以通过单击"Window"→"Show View"→"Package Explorer"菜单命令来显示导航器。

至此，HelloAndroid 项目已经创建好，而且这个项目是由前面安装的 ADT 插件自动生成的，所以不用编写代码即可运行。下面可以在虚拟机中运行刚刚创建的 HelloAndroid 项目。在项目名称上单击右键，选择弹出菜单的"run as"，然后选择"Android Application"即可在虚拟机中启动该项目。

## 1.4　小结

本章主要对 Android 应用开发的前期工作进行了介绍，即 Android 开发工具的准备、环境的搭建及配置，最后为了测试环境安装是否正确，写出了一个最经典的 HelloAndroid 程序。本章是 Android 应用开发的基础，下面将正式进入 Android 开发的系统学习。

## 习　题

1. 什么是 Android 系统？列举 3 个常用的 Android 版本。
2. 在电脑上搭建 Android 开发环境，并参照 1.3 节建立一个 Android 应用程序。

# 第 2 章
# Android 系统架构及应用结构

## 2.1 Android 系统架构

通过第 1 章的介绍，相信读者对 Android 的特点已经有了一个初步的了解。本节将介绍 Android 的系统构架。首先了解 Android 的体系结构，如图 2-1 所示。

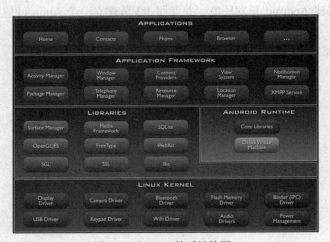

图 2-1　Android 体系结构图

从图 2-1 可以看出 Android 分为 4 层，从高到低分别是应用层（Applications）、应用框架层（Application Framework）、系统运行库层（Libraries）和 Linux 内核层（Linux Kernel）。下面对这 4 层进行简单的介绍。

（1）Linux 内核层（Linux Kernel）

Android 使用了 Linux 操作系统内核，Linux 也是一个开放的操作系统。Android 对操作系统的使用包括核心和驱动程序两部分，Android 的 Linux 核心为标准的 Linux 2.6 内核，Android 更多的是需要一些与移动设备相关的驱动程序。主要的驱动如下所示。

- 显示驱动（Display Driver）：常用基于 Linux 的帧缓冲（Frame Buffer）驱动；
- Flash 内存驱动（Flash Memory Driver）：是基于 MTD 的 Flash 驱动程序；
- 照相机驱动（Camera Driver）：常用基于 Linux 的 v4l（Video for）驱动；
- 音频驱动（Audio Driver）：常用基于 ALSA（Advanced Linux Sound Architecture，高级 Linux

声音体系）驱动；
- WiFi 驱动（Wifi Driver）：基于 IEEE802.11 标准的驱动程序；
- 键盘驱动（KeyBoard Driver）：作为输入设备的键盘驱动；
- 蓝牙驱动（Bluetooth Driver）：基于 IEEE 802.15.1 标准的无线传输技术；
- Binder IPC 驱动：Android 下一个特殊的驱动程序，具有单独的设备节点，提供进程间通信的功能；
- Power Management（电源管理）：管理电池电量等信息。

（2）库文件（Libraries）和 Android 运行环境（RunTime）

本层次对应一般嵌入式系统，相当于中间件层次。Android 的本层次分成两个部分，一个是各种库，另一个是 Android 运行环境。其中包含的各种库如下所示。

- C 库：C 语言的标准库，也是系统中一个最为底层的库，C 库是通过 Linux 的系统调用来实现。
- 多媒体框架（Media Framework）：这部分内容是 Android 多媒体的核心部分，基于 Packet Video（即 PV）的 OpenCORE，从功能上本库一共分为两大部分，一个部分是音频、视频的回放，另一部分则是音视频的记录。
- SGL：2D 图像引擎。
- SSL：即 Secure Socket Layer，位于 TCP/IP 协议与各种应用层协议之间，为数据通信提供安全支持。
- OpenGLES：提供了对 3D 的支持。
- 界面管理工具（Surface Management）：提供了对显示子系统进行管理的功能。
- SQLite：一个通用的嵌入式数据库。
- WebKit：网络浏览器的核心。
- FreeType：位图和矢量字体的功能。

Android 的各种库一般是以系统中间件的形式提供的，它们均有的一个显著特点就是与移动设备的应用密切相关。

Android 运行环境主要是指虚拟机技术——Dalvik。Dalvik 虚拟机和一般 Java 虚拟机（JavaVM）不同，它执行的不是 Java 标准的字节码（Byte code），而是 Dalvik 可执行格式（.dex）。在执行的过程中，每一个应用程序即一个进程（Linux 的一个 Process）。二者最大的区别在于 Java VM 是基于栈的虚拟机（Stack-based），而 Dalvik 是基于寄存器的虚拟机（Register-based）。显然，后者最大的好处在于可以根据硬件实现更大的优化，这更适合移动设备的特点。

（3）应用程序框架（Application Framework）

Android 的应用程序框架为应用程序层的开发者提供 API，由于上层的应用程序是以 Java 构建的，因此本层次首先提供了包含 UI 程序中所需要的各种控件，例如 Views（视图组件），其中又包括了 List（列表）、Grid（栅格）、TextBox（文本框）、Button（按钮）等，甚至一个嵌入式的 Web 浏览器。

一个基本的 Android 应用程序可以利用应用程序框架中的以下 5 个部分。

- Activity（活动）；
- Broadcast Intent Receiver（广播接收者）；
- Service（服务）；
- Content Provider（内容提供者）；

- Intent and Intent Filter（意图和意图过滤器）。

（4）应用程序（Application）

Android 的应用程序通常用 Java 语言编写，其中还可以包含各种资源文件（放置在 res 目录中）。Java 程序及相关资源经过编译后，将生成一个 APK 包。Android 本身提供了主屏幕（Home）、联系人（Contact）、电话（Phone）、浏览器（Browers）等众多的核心应用。同时应用程序的开发者还可以使用应用程序框架层的 API 实现自己的程序。这也是 Android 开源的巨大潜力的体现。

## 2.2　Android 应用程序框架

在开发大多数的 Android 应用程序时，通常直接与应用框架层进行交互，而应用框架层则负责与底层进行交互。因此，了解应用框架层的结构对开发 Android 应用程序至关重要。

应用程序框架实际上就是我们使用的 Android SDK 中的 Java 类、接口的集合。下面来看看 Android 中包含了哪些主要的功能（具有相同功能的 Java 类、接口通常放到一个 package 中）。

- android.app：提供高层的程序模型和基本的运行环境。
- android.appwidget：包含了创建 Widget 的相关类，Widget 可以放在 Android 的桌面上。
- android.bluetooth：提供了操作蓝牙设备的相关类。
- android.content：提供了对各种设备上的数据进行访问和发布的相关类和接口。
- android.database：提供了操作数据库的相关类和接口。
- android.gesture：提供了手势操作的相关类和接口。
- android.graphics：底层的图形库。主要包括画布、颜色过滤、点、矩形，可以将它们直接绘制到屏幕上。
- android.hardware：操作硬件的库。由于不同的手机硬件不同，因此，这些库在不同的手机上不一定有效。
- android.inputmethodservice：编写基于 Android 的输入法程序。
- android.location：提供了与定位相关服务的类和接口。
- android.media：提供了与管理音频和视频相关的类和接口。
- android.net：提供了与网络访问相关的类和接口。
- android.opengl：提供 OpenGL 的工具。
- android.os：提供了系统服务、消息传输和 IPC 机制。
- android.provider：提供了与访问 Android 内容提供者相关的类和接口。
- android.sax：用于访问 XML。
- android.speech：用于文本转语音的库（Text To Speech）。
- android.telephony：提供与拨打电话相关的交互操作。
- android.test：用于测试 Android 应用程序的框架。
- android.util：一些实用的工具，例如处理时间的类。
- Android.view：提供基础的用户界面接口框架。
- android.webkit：默认的浏览器操作接口。
- android.widget：包括了 Android SDK 提供的大部分 UI 控件。

## 2.3 Android 项目目录结构

在这一节我们来仔细研究 Android 项目的目录结构，先看一看完整的目录结构，如图 2-2 所示。从图中所示的目录结构可以看出，Android 工程主要包含两个区域：源码区和资源区。与普通的 Java 工程一样，由开发人员自己编写的源代码被放在了 src 目录中。另外一个源码区是 gen 目录。这个目录里的源代码是自动生成的。最常见的是资源类 R（还可以自动生成其他的 Java 类，如根据 AIDL 服务定义文件生成的 Java 类）。这个类在每一个 Android 工程中都会存在，因为在任何的 Android 工程中都会有一些资源。每一个资源都会在 R 类中生成唯一的资源 ID。在这里先看一下 R 类的代码，以便了解 Android 资源是如何与 Java 类中的 ID 对应的。下面的代码是一个简单项目工程中的 R 类：

```java
public static final class drawable {
    public static final int ic_launcher=0x7f020000;
}
public static final class layout {
    public static final int activity_main=0x7f030000;
}
public static final class string {
    public static final int action_settings=0x7f050001;
    public static final int app_name=0x7f050000;
    public static final int hello_world=0x7f050002;
}
```

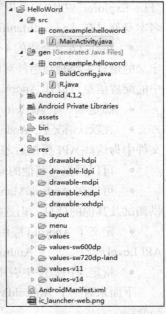

图 2-2　Android 项目目录结构

上面的代码中有 5 个资源 ID，图像资源 ID 和布局资源 ID 各 1 个以及 3 个字符串资源 ID。我们可以将这段代码与如图 2-2 所示的目录结构进行对照。在 res 目录中有 4 个图像资源目录：drawable-xhdpi、drawable-hdpi、drawable-mdpi 和 drawable-ldpi。实际上，需要将同一个图像文件按不同分辨率在这 4 个文件中各放一份。这么做的目的是为了满足不同分辨率的手机屏幕的需要。其中 drawable-xhdpi 是高清分辨率屏幕所使用的图像资源目录，高清分辨率主要指 WXGA（1280×720）或更高分辨率。drawable-hdpi 是高分辨率手机屏幕所使用的图像资源目录，高分辨率主要指 WVGA（480×800）和 FWVGA（480×854）或其他类似大小的分辨率。drawable-mdpi 是中分辨率手机屏幕所使用的图像资源目录，中分辨率是指 HVGA（320×480）或其他类似大小的分辨率。drawable-ldpi 是低分辨率手机屏幕所使用的图像资源目录。低分辨率指 QVGA（240×320）以及其他类似的分辨率。程序运行时，Android 系统会检测当前手机的分辨率，并根据当前的分辨率到不同的图像资源目录中找相应的图像资源。

在 Android 1.5 或其他较低 Android 版本的工程目录中默认只有一个 drawable 目录，而不像 Android 4.1 工程目录有 4 个 drawable 目录。实际上，在 Android 1.5 的工程目录中的 drawable 目录也可以扩展成 drawable-hdpi、drawable-mdpi 和 drawable-ldpi。只是

与 Android 1.5 相对应的 ADT 没有自动生成这 3 个目录，而只生成了一个 drawable 目录。在 Android 4.1 中为了更好地适应分辨率，所以默认就生成了适应不同屏幕分辨率的图像资源目录。这主要是因为在 Android 1.5 时代屏幕分辨率大多都是 320×480，或更小的 240×320。像 WVGA（480×800）这么大的分辨率的手机基本上是没有的，因此，只要在 drawable 中放置适应 320×480 分辨率的图像资源就足够了。然而到了 Android 2.3 时代（实际上，从 Android 2.1 开始就自动生成这 3 个目录了），各种屏幕分辨率的手机充斥着 Android 世界，这也给很多没有经验的程序员造成了麻烦。因此，从 Android 2.1 开始的 ADT 就会自动生成分别适应各种不同分辨率大小的图像资源目录，以免只使用一个 drawable 目录而造成由于屏幕分辨率过大而使图像失真的后果。当然，如果手机的分辨率固定，也可以只使用 drawable 来保存图像资源文件。

除了 drawable 资源目录外，还有很多保存其他资源的目录，如 layout（保存布局文件）、values（保存字符串、数组、颜色等资源）等。这些资源将在后面详细介绍。

## 2.4 AndroidManifest.xml 文件结构

在图 2-2 所示的目录结构可以看出，除了众多的资源目录外，还有一个 AndroidManifest.xml 文件显得格外引人注目。实际上，这个文件是整个 Android 应用程序的核心。一个 Android 应用程序可以没有 Activity（也就是没有界面的程序），但必须要有一个 AndroidManifest.xml 文件。这个文件是 Android 应用程序中的核心配置文件，而且该文件必须在 Android 工程的根目录中。AndroidManifest.xml 在 Android 应用程序中主要做了如下的工作。

- 定义应用程序的 Java 包。这个包的名称将作为应用程序的唯一标识。在 DDMS 透视图的 "File Explorer" 视图中可以看到 data\data 目录中的每一个目录名都代表着一个应用程序，而目录名本身就是在 AndroidManifest.xml 文件中定义的包的名称。
- 将在 2.6 节介绍的 4 个应用程序组件在使用之前，必须在 AndroidManifest.xml 文件中定义。定义的信息主要是与组件对应的类名以及这些组件所具有的能力。通过 AndroidManifest.xml 文件中的配置信息可以让 Android 系统知道如何处理这些应用程序组件。
- 确定哪一个 Activity 将作为第一个运行的 Activity（也就是 Main Activity）。
- 在默认情况下，Android 系统会限制应用程序使用某些 API，因此，需要在 AndroidManifest.xml 文件中为这些 API 授权后才可以使用它们。
- 可以授权与其他的应用程序组件进行交互。
- 可以在 AndroidManifest.xml 文件中配置一些特殊的类，这些类可以在应用程序运行时提供调试及其他的信息。但这些类只在开发和测试时使用，当应用程序发布时这些配置将被删除。
- 定义了 Android 应用程序所需要的最小 API 级别，Android 1.0 API Level = 1；Android 1.1 API Level = 2；……；Android 2.3 API Level = 9；……；Android 4.2 API Level = 17。
- 指定应用程序中引用的程序库。

下面来看一下 AndroidManifest.xml 文件的标准格式。其中所涉及的标签会在后面的内容中逐渐介绍。

```
<?xml version="1.0" encoding="utf-8"?>
<manifest xmlns:android="http://schemas.android.com/apk/res/android"
    package="com.example.helloword"
    android:versionCode="1"
```

```xml
    android:versionName="1.0" >

    <uses-sdk
        android:minSdkVersion="8"
        android:targetSdkVersion="16" />

    <application
        android:allowBackup="true"
        android:icon="@drawable/ic_launcher"
        android:label="@string/app_name"
        android:theme="@style/AppTheme" >
        <activity
            android:name="com.example.helloword.MainActivity"
            android:label="@string/app_name" >
            <intent-filter>
                <action android:name="android.intent.action.MAIN" />

                <category android:name="android.intent.category.LAUNCHER" />
            </intent-filter>
        </activity>
    </application>

</manifest>
```

在这个 xml 文件中包含了应用程序的基本设置,如应用程序的名称、版本、支持的 Android 版本等内容,一些功能复杂的应用程序还会包含权限设置等内容。

## 2.5 Android 应用程序资源

在 2.3 节已经接触到了几种资源,这些资源所在的目录都是 res 的子目录。当 Android 应用程序生成 apk 时,这些资源将被封装在 apk 文件中。当然,除了 res 目录,在 Android 工程根目录中的 assests 目录也可以保存资源文件。Android 应用程序可以包含的常用资源如表 2-1 所示。

表 2-1　　　　　　　　　　Android 应用程序中的常用资源

| 资源种类 | 所在目录 | 描述 |
| --- | --- | --- |
| 动画(Animation) | 帧(Frame)动画:res/drawable<br>补间(Tween)动画:res/anim | 定义动画文件 |
| 颜色状态列表(Color State List) | res/color | 定义根据视图(View)状态变化的颜色资源 |
| 可拉伸图像(Drawable) | res/drawable | 使用 Android 所支持的图像格式或 XML 文件定义不同的格式 |
| 布局(Layout) | res/layout | 定义描述应用程序 UI 的布局 |
| 菜单(Menu) | res/menu | 定义应用程序菜单的内容 |
| 字符串(String) | res/values | 定义字符串,可以通过 R.string 访问相应的资源 |
| 颜色(Color) | res/values | 定义颜色值,可以通过 R.color 访问相应的资源 |
| 尺度(Dimen) | res/values | 定义宽度、高度、位置等尺度信息,可以通过 R.dimen 访问相应的资源 |

续表

| 资源种类 | 所在目录 | 描述 |
|---|---|---|
| 风格（Style） | res/values | 定义 UI 元素的格式和外观，可通过 R.style 类访问相应的资源 |
| XML | Tes/xml | 基于 XML 格式的资源，例如，Preference Activity 使用的描述配置界面的资源文件 |
| RAW | res/raw | 保存任意二进制文件，保存在该目录中的文件未被压缩，因此可通过 InputStream 从 apk 文件提取出来直接使用 |
| ASSETS | assets | 保存任意二进制文件，该目录与 res/raw 目录类似，但在 res/raw 目录中不能建立子目录，而在 assets 目录中可以建立任意层次的子目录（目录的层次只受操作系统的限制） |

除了表 2-1 所示的资源外，还有像 Integer、Bool 这样的资源，这些资源都保存在 res/values 目录中，分别用 R.bool 和 R.integer 来引用。本节只是简单介绍一下 Android 所涉及的资源，在后面的章节将对 Android 资源进行详细介绍。

## 2.6 Android 应用程序组件

Android 平台有四大程序组件，分别是 Activity、Service、BroadcastReceiver 和 ContentProvider。本节将介绍 Android 支持的四种应用组件的基本概念。应用程序对外共享功能一般也是通过这 4 种应用程序组件实现的。

### 2.6.1 Activity（Android 的窗体）

Activity 是 Android 的核心类，该类的全名是 android.app.Activity。Activity 相当于 C/S 程序中的窗体（Form）或 Web 程序的页面。每一个 Activity 提供了一个可视化的区域。在这个区域可以放置各种 Android 控件，例如按钮、图像、文本框等。

在 Activity 类中有一个 onCreate 事件方法，一般在该方法中对 Activity 进行初始化。通过 setContentView 方法可以将 View 放到 Activity 上。绑定后，Activity 会显示 View 上的控件。

一个带界面的 Android 应用程序可以由一个或多个 Activity 组成。至于这些 Activity 如何工作，或者它们之间有什么依赖关系，则完全取决于应用程序的业务逻辑。例如，一种典型的设计方案是使用一个 Activity 作为主 Activity（相当于主窗体，程序启动时会首先显示这个 Activity），在这个 Activity 中通过菜单、按钮等方式显示其他的 Activity。在 Android 自带的程序中有很多都是这种类型。

每一个 Activity 都会有一个窗口，在默认情况下，这个窗口是充满整个屏幕的，也可以将窗口变得比手机屏幕小，或者悬浮在其他的窗口上面。Activity 窗口中的可视化组件由 View 及其子类组成，这些组件按照 XML 布局文件中指定的位置在窗口上进行摆放。

### 2.6.2 Service（服务）

服务没有可视化界面，其主要在后台运行。例如，当用户进行其他操作时，可以利用服务在后台播放音乐，或者当来电时，可以利用服务同时进行其他操作。服务类必须从 android.app.Service 继承。

现在举一个非常简单的使用服务的例子。在手机中会经常使用播放音乐的软件，在这类软件中往往会有循环播放或随机播放的功能。虽然在软件中可能会有相应的功能（通过按钮或菜单进行控制），但用户可能会一边放音乐，一边在手机上做其他的事，例如，与朋友聊天、看小说等。在这种情况下，用户不可能在一段音乐播放完后再回到软件界面去进行重放的操作。因此，可以在播放音乐的软件中启动一个服务，由这个服务来控制音乐的循环播放，而且服务对用户是完全透明的，这样用户完全感觉不到后台服务的运行，甚至在音乐播放软件不可见的情况下，仍然可以播放后台背景音乐。

除此之外，其他的程序还可以与服务进行通信。当与服务连接成功后，就可以利用服务中共享出来的接口与服务进行通信。例如，控制音乐播放的服务允许用户暂停、重放、停止音乐。

### 2.6.3　Broadcast Receiver（广播接收器）

广播接收器组件的唯一功能就是接收广播动作，以及对广播动作做出响应。有很多时候，广播动作是由系统发出的，例如，时区的变化、电池电量不足、新到短信等。除此之外，应用程序还可以发送广播动作，例如，通知其他的程序数据已经下载完毕，并且这些数据已经可以使用了。

一个应用程序可以有多个广播接收器，所有的广播接收类都需要继承 android.content.Broadcast Receiver 类。

广播接收器与服务一样，都没有用户界面，但在广播接收器中可以启动一个 Activity 来响应广播动作，例如，通过显示一个 Activity 对用户进行提醒。当然，也可以采用其他的方法或几种方法的组合来提醒用户，例如，闪屏、震动、响铃、播放音乐等。

### 2.6.4　ContentProvider（内容提供者）

内容提供者可以为其他应用程序提供数据。这些数据可以保存在数据库或文件系统中，例如，SQLite 数据库或任何其他格式的文件。每一个内容提供者是一个类，这些类都需要从 android.content.ContentProvider 类继承。

在 ContentProvider 类中定义了一系列的方法，通过这些方法可以使其他的应用程序获得内容提供者所提供的数据。但在应用程序中不能直接调用这些方法，而需要通过 android.Content.ContentResolver 类的方法来调用内容提供者类提供的方法。

在 Android 系统中很多内嵌的应用程序，如联系人、短信等，都提供了 ContentProvider。其他的应用程序通过这些 ContentProvider 可以对系统内部的数据实现增、删、改操作。例如，可以将指定电话号码的短信内容从系统数据库中删除。这些删除系统短信的操作就需要通过 ContentProvider 来完成。

## 2.7　小结

本章主要介绍了 Android 应用程序的框架、资源及应用程序组件。虽然 Android 工程的目录结构较复杂，但并不需要我们手工去建立。如果使用 ADT 来建立工程，会自动生成一个默认的目录结构。当然，我们可以根据需要对这个默认生成的目录结构进行修改。在 Android 应用程序中包含了大量的资源。这些资源主要保存在 res 目录的子目录中，在生成 apk 文件时会将这些资源一起打包到 apk 文件中。

　　Android 应用程序包含了 4 大应用程序组件——Activity、Service、Broadcast Receiver 和 Content Provider，通过这 4 种应用程序组件可以创建各种类型的 Android 应用程序。因此，一定要认真掌握这 4 种应用程序组件的使用方法，因为它们是 Android 应用程序的基石。

## 习　　题

1. 试述 Android 系统的基本结构。
2. 在第 1 章习题 2 的基础上，为应用程序增加图标资源。

# 第3章
# Android 界面基础

程序的用户界面是用户看到的并与之交互的一切，无论是游戏程序还是大部分应用程序，都和图形界面设计密不可分。Java 中使用 Swing 或 AWT 进行用户界面编程，而 J2ME 中则使用 Displayable 的子类进行用户界面编程，Android 中又如何进行用户界面的编程呢？Android 中提供了多种预先生成的视图（View）和视图组（ViewGroup）的子类以用于构建用户界面。

在一个 Android 应用程序里，用户接口是一系列的 View 和 ViewGroup 对象组合而成。Android 有很多种 View 和 ViewGroup 对象，它们都继承自 View 基类，它们是以一种树型结构组织在一起，称为视图树（View Tree）。View 对象是 Android 平台用户接口的基本对象。

在进行用户界面设计时，首先需要了解页面中的用户界面元素是如何呈现给用户，也就是如何控制用户界面的。这是本章主要讲解的内容。

## 3.1 Android 界面显示

用户界面的设计分为两种实现方式，一种是像设计网页时采用类似 XML 的 HTML 来描述想要的页面效果，而不是怎样达到这种效果，另一种是单一地采用代码的方式进行用户界面的设计，比如编写一个 Java 的 Swing 应用，需要用 Java 代码来创建和操纵界面 JFrame 和 JButton 等对象。Android 系统在声明界面布局上提供了很好的灵活性，用户既可独立使用任何一种声明界面布局方式，也可以同时使用两种方式。

使用 XML 文件声明界面布局，能够更好地将程序的表现层和控制层分离，在修改界面时将不再需要更改程序的源代码。例如，在程序开发完成后，为让程序能够支持不同的屏幕尺寸、规格和语言的手机，则可以声明多个 XML 布局，而无须修改程序代码。另外，使用 XML 文件声明的界面布局，用户还可以通过可视化工具直接看到所设计的用户界面，有利于加快界面设计的过程，并且为界面设计与开发带来了极大的便利性。一般情况下，使用 XML 文件来描述用户界面中的基本元素，使用代码方式动态修改需要更新状态的界面元素。当然，用户也可将所有的界面元素，不管在程序运行后是否需要进行内容的修改，都放在代码中进行定义和声明。很明显这不是一种良好的界面设计模式，会给后期界面修改带来不必要的麻烦，而且界面元素较多时，程序的代码会显得凌乱不堪。

相比于 Java 代码而言，XML 语句更简短易懂，在以后的版本中不易被改变，并且 Google 建议尽量使用 XML，所以本书的所有的程序基本上都采用 XML 进行界面设计。

### 3.1.1 XML 布局

使用 XML 文件声明界面布局主要有两个关键步骤。

（1）在已建好的 Android 应用程序的 res\layout 目录下编写 XML 布局文件，XML 文件命名规则与 Java 的命名规则相同，如 main1。创建后，R.java 会自动收录并生成该布局资源的 ID。

（2）在 Activity 中使用 setContentView（R.layout.main1）代码来显示 XML 文件中布局的内容。

通过上面步骤，即可轻松地实现用户界面的显示。下面通过一个例子来演示如何使用 XML 布局文件控制用户界面。

在 Eclipse 中创建一个 Android 应用程序，名称为 XML_Layout，包名称是 cn.edu.zzti.xml_layout，Activity 名称为 MainActivity，使用 XML 布局文件实现某一应用程序的欢迎界面。项目 XML_Layout 的界面如图 3-1 所示。

图 3-1 XML 布局

修改新建项目的 res\layout 目录下的布局文件 activity_main.xml。修改其布局方式为帧布局（FrameLayout），并且将 TextView 组件以默认的对齐方式显示，同时修改 res\values 目录下的 strings.xml 文件，将 hello_world 的文本内容修改为"欢迎使用 XX 应用软件"。修改后代码如下所示：

```xml
<FrameLayout xmlns:android="http://schemas.android.com/apk/res/android"
    xmlns:tools="http://schemas.android.com/tools"
    android:layout_width="match_parent"
    android:layout_height="match_parent">
    <TextView
        android:layout_width="wrap_content"
        android:layout_height="wrap_content"
        android:text="@string/hello_world" />
</FrameLayout>
```

### 3.1.2 代码布局

在代码中实现用户界面显示，主要有 3 个步骤。

（1）创建布局管理器。可以是帧布局管理器、表格布局管理器、线性布局管理器和相对布局管理器等。布局管理器详见 3.2 节。

（2）创建具体的组件，如 TextView、ImageView、Button 等任何 Android 提供的组件，并且设置组件的布局和各种属性。组件详见第 4 章。

（3）将创建的具体组件添加到布局管理器中。

下面通过一个例子来演示如何使用 Java 代码进行用户界面的显示。

在 Eclipse 中创建 Android 应用程序，名称为 Java_Layout，包名称是 cn.edu.zzti.java_layout，Activity 名称为 MainActivity，使用 Java 代码的方式实现图 3-1 所示效果。

（1）在 Java_Layout 项目中，打开 com\example\java_layout 目录下的 MainActivity.java 文件，然后将默认生成的 setContentView（R.layout.activity_main）代码删除。

（2）在 MainActivity 的 onCreate（）方法中，创建一个帧布局管理器，并在 Activity 中进行显示，关键代码如下：

```java
FrameLayout frameLayout = new FrameLayout(this);//创建帧布局管理器
setContentView(frameLayout);//设置在Activity中显示frameLayout
```

（3）创建一个 TextView 组件 textView1，设置其显示文字和布局，并将其添加到布局管理器中，具体代码如下：

```
TextView textView1 = new TextView(this);//创建 TextView 对象
textView1.setText("欢迎使用××应用软件");//设置显示的文字
frameLayout.addView(textView1);//将 textView1 添加到布局管理器中
```

运行本实例，即可显示出图 3-1 所示效果。

## 3.1.3 混合方式

完全使用 XML 布局文件进行用户界面显示，实现比较方便快捷，但有失灵活；而完全通过 Java 代码进行用户界面显示，虽然比较灵活，但开发过程比较烦琐。鉴于这两种方法的优缺点，下面使用 XML 和 Java 代码混合形式来实现用户界面显示。

使用 XML 和 Java 代码混合形式实现用户界面显示，习惯上把变化小、行为相对比较固定的组件放在 XML 布局文件中，而把变化较大、行为控制比较复杂的组件由 Java 代码来管理。

下面通过一个例子来演示如何使用 XML 和 Java 代码混合的方式实现用户界面显示。

在 Eclipse 中创建 Android 应用程序，名称为 Hybrid_Layout，包名称是 cn.edu.zzti.hybrid_layout，Activity 名称为 MainActivity，通过 XML 和 Java 代码在窗体中显示四门编程课程的名字。项目 Hybird_Layout 的界面如图 3-2 所示。

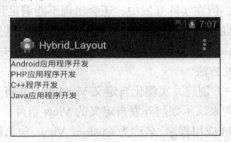

图 3-2　在窗体中竖向显示 4 门编程课程名字

（1）在 Hybrid_Layout 项目中，打开 res\layout 目录下的布局文件 activity_main.xml，将默认创建的<RelativeLayout>和<TextView>组件删除，然后添加一个线性布局管理器，将其 orientation 属性值设置为 vertical，并且为该线性布局设置 id 属性。修改后的代码如下：

```
<LinearLayout xmlns:android="http://schemas.android.com/apk/res/android"
    android:layout_width="match_parent"
    android:layout_height="match_parent"
    android:orientation="vertical"
    android:id="@+id/layout">
</LinearLayout>
```

（2）在 MainActivity 中，声明 text 和 textView 两个私有的成员变量，其中 text 是一个 String 类型的一维数组，用于保存 TextView 组件上需要显示的文本内容；textView 是一个 TextView 类型的一维数组，用于保存 TextView 组件。主要代码如下：

```
//声明并初始化字符串数组，用于保存在 TextView 中显示的文本内容
private String[] text = {"Android 应用程序开发","PHP 应用程序开发","C++程序开发","Java 应用程序开发"};
//声明一个保存 TextView 组件的数组
private TextView[] textView = new TextView[text.length];
```

（3）在 MainActivity 的 onCreate()方法中，首先获取在 XML 布局文件中创建的线性布局管理器，然后通过一个 for 循环创建 4 个显示文本的 TextView 组件，并将其添加到布局管理器中。关键代码如下：

```
//获取 XML 文件中定义的线性布局管理器
LinearLayout layout = (LinearLayout)this.findViewById(R.id.layout);
for(int i = 0; i < textView.length; i++) {
        textView[i] = new TextView(this);              //创建一个 TextView 组件
        textView[i].setText(text[i]);                  //设置 TextView 组件显示的文本
        layout.addView(textView[i]);                   //将 TextView 组件添加到布局管理器中
}
```

### 3.1.4 自定义 View

前面已经提到，在 Android 中所有的 UI 界面都是由 View 类和 ViewGroup 类及其子类组合而成的。其中，View 类是所有 UI 组件的基类，而 ViewGroup 类是容纳这些 UI 组件的容器，其本身也是 View 类的子类。在 ViewGroup 类中，除了可以包含普通的 View 类外，还可以再次包含 ViewGroup 类。

一般情况下，开发 Android 应用程序的 UI 界面，都不直接使用 View 和 ViewGroup 类，而是使用它们的子类。如要显示一张图片，可直接使用 View 的子类 ImageView。虽然 Android 提供了很多继承了 View 的 UI 组件，但在实际开发中，还会出现不能满足程序需要的情况，这时用户可通过继承 View 类来开发自己的组件。开发自定义的 View 组件主要分为 3 个步骤。

（1）创建一个继承 android.view.View 类的 View 类，并且重写构造方法。
（2）根据需要重写相应的方法。
（3）在项目的 Activity 中，创建并实例化自定义 View 类，并将其添加到布局管理器中。

下面通过一个具体的实例来演示如何开发自定义的 View 组件。

在 Eclipse 中创建 Android 应用程序，名称为 Custom_View，包名称是 cn.edu.zzti.custom_view，Activity 名称为 MainActivity，通过自定义 View 组件实现跟随手指的心形。

（1）在 Custom_View 项目中，打开 res\layout 目录下的布局文件 activity_main.xml，将默认创建的<RelativeLayout>和<TextView>组件删除，然后添加一个帧布局管理器，并设置其背景和 id 属性。修改后的代码如下：

```
<FrameLayout xmlns:android="http://schemas.android.com/apk/res/android"
    android:layout_width="match_parent"
    android:layout_height="match_parent"
    android:background="@drawable/back"
    android:id="@+id/layout"
  >
</FrameLayout>
```

（2）创建一个名为 HeartView 的 Java 类，该类继承自 android.view.View 类，重写带一个 Context 参数的构造方法和 onDraw()方法。其中在构造方法中设置心形的默认显示位置，在 onDraw()中根据图片绘制心形。HeartView 类的关键代码如下：

```
Public class HeartView extends View {
public float bitmapX;          //心形显示位置的 X 坐标
public float bitmapY;          //心形显示位置的 Y 坐标
public HeartView(Context context) {
    super(context);
```

```
            bitmapX = 50;              //初始 X 位置
            bitmapY = 100;             //初始 Y 位置
    }
    protected void onDraw(Canvas canvas)  {
        super.onDraw(canvas);
        Paint paint = new Paint();      //创建并实例化 Paint 对象
        //根据图片生成位图对象
        Bitmap bitmap = BitmapFactory.decodeResource(this.getResources(), R.drawable.heart);
        //绘制心形
        canvas.drawBitmap(bitmap, bitmapX, bitmapY,paint);
        if(bitmap.isRecycled())         //判断图片是否回收
            bitmap.recycle();           //强制回收图片
    }
```

（3）在 MainActivity 的 onCreate()方法中，首先获取帧布局管理器并实例化心形对象 heart，然后为 heart 添加触摸事件监听器，在重写的触摸事件中设置 heart 的显示位置并重绘 heart 组件，最后将 heart 添加到布局管理器中，关键代码如下：

```
//获取帧布局管理器
FrameLayout frameLayout = (FrameLayout)this.findViewById(R.id.layout);
//创建并实例化 HeartView 对象
final HeartView heart = new HeartView(MainActivity.this);
//为心形添加触摸事件监听器
heart.setOnTouchListener(new OnTouchListener(){
    public boolean onTouch(View v, MotionEvent event) {
        heart.bitmapX = event.getX();     //设置 X 坐标
        heart.bitmapY = event.getY();     //设置 Y 坐标
        heart.invalidate();               //重绘 heart 组件
        return true;
    }
});
frameLayout.addView(heart);//将 heart 添加到布局管理器中
```

运行本实例，将显示如图 3-3 所示的运行结果。当手指在屏幕上拖动时，心形将跟随手指的拖动轨迹而移动。

为使用 heart 图片需要将 heart 图片放置到 res/drawable 文件夹中。

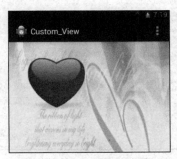

图 3-3　跟随手指的心形

## 3.2 Android 界面布局

界面布局（layout）是用户界面结构的描述，定义界面中所有的元素、结构和相互关系。Android 中提供的主要有线性布局、表格布局、帧布局、相对布局、绝对布局和网格布局（Android SDK 4.0 新增）等，而对于绝对布局，由于在 Android 2.0 中已被标记为过期，所以不再进行讲解。

### 3.2.1 线性布局

线性布局（LinearLayout）是一种重要的界面布局，也是经常使用的界面布局。在线性布局中，所有的子元素都按照垂直或水平的顺序在界面上排列。如果垂直排列，则每行仅包含一个界面元素；如果水平排列，则每列仅包含一个界面元素。图 3-4（a）和图 3-4（b）分别是垂直排列和水平排列的线性布局示例。

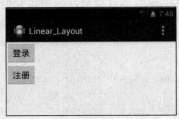
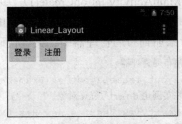

（a）垂直排列　　　　　　　　　　　（b）水平排列

图 3-4　垂直排列和水平排列的线性布局

如何实现图 3-4 的效果呢，随后逐步进行讲解。

首先创建 Android 工程，工程名字是 Linear_Layout，包名称是 cn.edu.zzti.linear_layout，Activity 名称为 MainActivity。

为能够完整地体验创建线性布局的过程，在 res/layout 下新建一个新的线性布局 XML 文件。用鼠标右键单击/res/layout 文件夹，选择 New>Android XML File，打开 XML 文件建立向导，资源类型为 LinearLayout，命名为 main_vertical，根节点元素选择 LinearLayout，如图 3-5 所示。

图 3-5　界面可视化编辑器

双击新建立的 main_vertical.xml 文件，Eclipse 将自动打开界面可视化编辑器，如图 3-6 所示。此时界面上并没有显示出图 3-4 的效果。单击左下角的 main_vertical.xml 标签，打开 XML 文件编辑器，如图 3-7 所示。在</LinearLayout>标签前面输入如下代码：

```xml
<Button
    android:text="@string/login"
    android:layout_width="wrap_content"
    android:layout_height="wrap_content"/>
<Button
    android:text="@string/register"
    android:layout_width="wrap_content"
    android:layout_height="wrap_content"/>
```

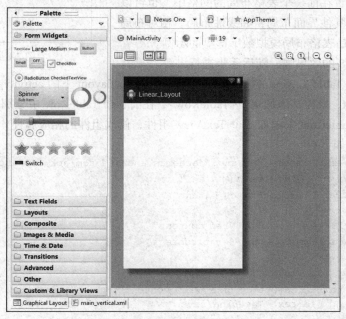

图 3-6  界面可视化编辑器

最后将 MainActivity 中的 setContentView（R.layout.main_activity）更改为 setContentView（R.layout.main_vertical）。运行后的结果如图 3-4（a）所示。

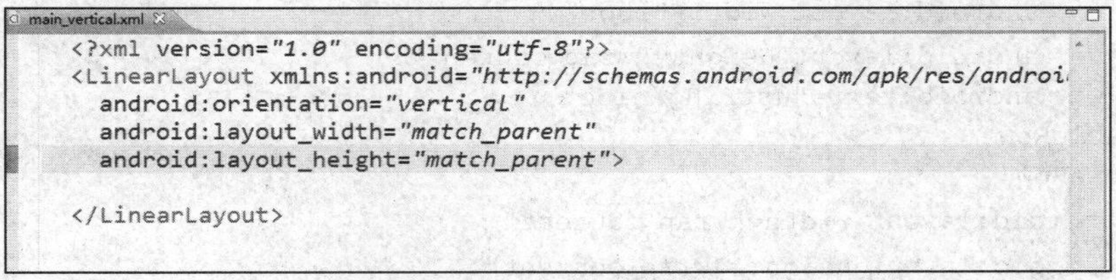

图 3-7  XML 编辑器

实现图 3-4（b）的过程与上述过程非常相似，只需要修改以下 3 点即可。
（1）建立名为 main_horizontal 的 XML 文件。
（2）将线性布局的 orientation 属性值设置为 horizontal。
（3）将 MainActivity 文件中的 setContentView（R.layout.main_vertical）更改为 setContentView（R.layout.main_horizontal）。

main_horizontal.xml 文件内容此处不再详述。

## 3.2.2 表格布局

表格布局（TableLayout）也是一种常用的界面布局，它将屏幕划分为表格，表格由列和行组成许多的单元格，表格布局将子元素的位置分配到行或列中，行、列或单元格的边框线不会显示。一个表格布局由许多的 TableRow 组成，每一行拥有 0 个或多个单元格，每个单元格拥有一个 View 对象。在表格布局中，列可以被隐藏，也可以被设置为伸展的，从而填充可利用的屏幕空间，还可以设置为强制收缩，直到表格匹配屏幕大小。表格布局还支持嵌套，可将另一个表格布局放置在前一个表格布局的网格中，也可以在表格布局中添加其他界面布局，如线性布局、相对布局等。图 3-8 所示的是表格布局模拟数字键盘的示例。

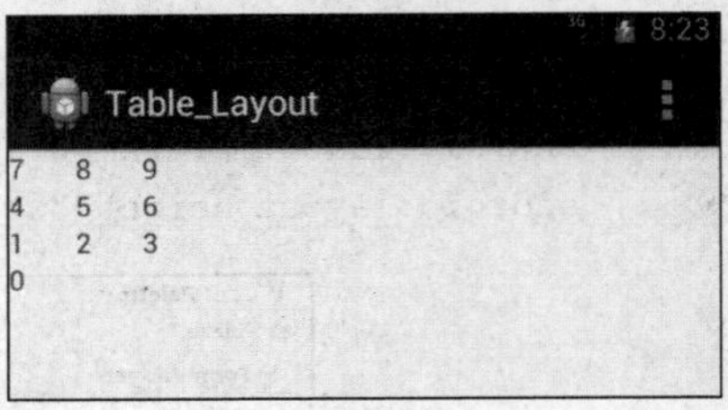

图 3-8 表格布局

如何实现图 3-8 的效果呢，随后逐步进行讲解。

首先创建名为 Table_Layout 的 Android 工程，打开 res\layout 下的 activity_main.xml，修改其布局为 TableLayout，将为其添加 4 个<TableRow>，在前 3 个 TableRow 中分别添加 3 个 TextView 组件，在第 4 个 TableRow 中添加 2 个 TextView 组件，修改组件的相应属性，即可得到图 3-8 所示效果。关键代码如下：

```xml
<TableLayout xmlns:android="http://schemas.android.com/apk/res/android"
    android:layout_width="match_parent"
    android:layout_height="match_parent">
    <TableRow
        android:layout_width="wrap_content"
        android:layout_height="wrap_content">
        <TextView
            android:layout_width="15pt"
            android:layout_height="wrap_content"
            android:text="@string/seven" />
        <TextView
            android:layout_width="15pt"
            android:layout_height="wrap_content"
            android:text="@string/eight" />
        <TextView
            android:layout_width="15pt"
            android:layout_height="wrap_content"
            android:text="@string/nine" />
    </TableRow>
    <TableRow
        android:layout_width="wrap_content"
        android:layout_height="wrap_content">
        <TextView
            android:layout_width="15pt"
            android:layout_height="wrap_content"
            android:text="@string/four" />
        <TextView
            android:layout_width="15pt"
            android:layout_height="wrap_content"
            android:text="@string/five" />
```

```xml
        <TextView
            android:layout_width="15pt"
            android:layout_height="wrap_content"
            android:text="@string/six" />
    </TableRow>
    <TableRow
        android:layout_width="wrap_content"
        android:layout_height="wrap_content">
        <TextView
            android:layout_width="15pt"
            android:layout_height="wrap_content"
            android:text="@string/one" />
        <TextView
            android:layout_width="15pt"
            android:layout_height="wrap_content"
            android:text="@string/two" />
        <TextView
            android:layout_width="15pt"
            android:layout_height="wrap_content"
            android:text="@string/three" />
    </TableRow>
    <TableRow
        android:layout_width="wrap_content"
        android:layout_height="wrap_content">
        <TextView
            android:layout_span="2"
            android:layout_width="wrap_content"
            android:layout_height="wrap_content"
            android:text="@string/zero" />
        <TextView
            android:layout_width="15pt"
            android:layout_height="wrap_content"
            android:text="@string/dot" />
    </TableRow>
</TableLayout>
```

### 3.2.3 帧布局

帧布局（FrameLayout）是最简单的界面布局，用来存放一个元素的空白空间，且子元素的位置是不能够指定的，只能够放置在空白空间的左上角。如果有多个子元素，后放置的子元素将覆盖填充先放置的子元素，把它们部分或全部挡住（除非后一个子元素是透明的）。图3-9所示的是一个帧布局的效果，最底层是一个具有黑色背景的TextView，随后其上有一个Button按钮，背景色为白色，最上方是一个具有透明效果的TextView。

首先创建名为Frame_Layout的Android工程，打开res\layout下的activity_main.xml，修改其布局为FrameLayout，为其添加2个TextView组件和一个Button组件，修改组件的相应属性，即可得到图3-9所示效果。

图3-9 帧布局

关键代码如下:

```xml
<FrameLayout xmlns:android="http://schemas.android.com/apk/res/android"
    android:layout_width="match_parent"
    android:layout_height="match_parent">
    <TextView
        android:layout_width="300dip"
        android:layout_height="200dip"
        android:background="#000000"/>
    <TextView
        android:layout_width="200dip"
        android:layout_height="150dip"
        android:background="#0000ff"/>
<FrameLayout xmlns:android="http://schemas.android.com/apk/res/android"
    android:layout_width="match_parent"
    android:layout_height="match_parent">
    <TextView
        android:layout_width="300dip"
        android:layout_height="200dip"
        android:text="@string/textView1"
        android:background="#000000"/>
    <Button
        android:layout_width="200dip"
        android:layout_height="150dip"
        android:text="@string/button"
        android:background="#ffffff"/>
    <TextView
        android:layout_width="100dip"
        android:layout_height="100dip"
        android:text="@string/textView2"
        android:background="@android:color/transparent"/>
</FrameLayout>
```

### 3.2.4 相对布局

相对布局(RelativeLayout)是指按照组件之间的相对位置来进行布局,如某个组件在另一个组件的左边、右边、上方或下方等。也就是说相对布局允许子元素指定它们相对于其他元素或父元素的位置,如第一个元素在屏幕的中央,那么相对于这个元素的其他元素将以屏幕中央的相对位置来排列。图 3-10 所示的是一个相对布局的效果。

首先创建名为 Relative_Layout 的 Android 工程,打开 res\layout 下的 activity_main.xml,为其添加一个 TextView 组件,两个 Button 组件,从图中可以看出 TextView 中显示的内容居中显示在屏幕中央位置,两个 Button 组件在 TextView 组件下方,且右对齐显示。修改组件的相应属性,即可得到图 3-10 所示效果。关键代码如下:

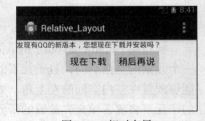

图 3-10 相对布局

```xml
<RelativeLayout xmlns:android="http://schemas.android.com/apk/res/android"
    android:layout_width="match_parent"
    android:layout_height="match_parent">
    <TextView
        android:id="@+id/textView1"
```

```
            android:layout_width="wrap_content"
            android:layout_height="wrap_content"
            android:text="@string/info" />
    <Button
            android:layout_width="wrap_content"
            android:layout_height="wrap_content"
            android:layout_below="@id/textView1"
            android:layout_toLeftOf="@+id/button"
            android:text="@string/yes" />
    <Button
            android:id="@+id/button"
            android:layout_width="wrap_content"
            android:layout_height="wrap_content"
            android:layout_below="@id/textView1"
            android:layout_alignRight="@id/textView1"
            android:text="@string/no" />
</RelativeLayout>
```

## 3.2.5 网格布局

网格布局（GridLayout）是将用户界面划分为网格，界面元素可随意摆放在这些网格中。网格布局比表格布局在界面设计上更加灵活，在网格布局中元素可以占用多个网格，而在表格中则无法实现，只能将元素指定在一个表格行中。图 3-11 是网格布局的一个示例，图 3-11（a）是在 Eclipse 界面设计器中的界面图示，图 3-11（b）是在 Android 模拟器运行后的效果。

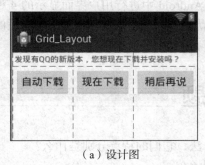

（a）设计图　　　　　　　　　　　　（b）效果图

图 3-11　网格布局

首先创建名为 Grid_Layout 的 Android 工程，打开 res\layout 下的 activity_main.xml，为其添加一个 TextView 组件，3 个 Button 组件，从图中可以看出 TextView 中显示的内容在屏幕占据 3 列，3 个 Button 组件分别在第 1 列、第 2 列和第 3 列。修改组件的相应属性，即可得到图 3-11 所示效果。关键代码如下：

```
<GridLayout xmlns:android="http://schemas.android.com/apk/res/android"
    android:layout_width="match_parent"
    android:layout_height="match_parent"
    android:columnCount="3"
    android:useDefaultMargins="true" >
    <TextView
        android:layout_columnSpan="3"
        android:layout_gravity="left"
        android:text="@string/info" />
```

```xml
<Button
    android:layout_column="0"
    android:layout_gravity="fill_horizontal"
    android:text="@string/auto" />
<Button
    android:layout_column="1"
    android:layout_gravity="fill_horizontal"
    android:text="@string/yes" />
<Button
    android:layout_column="2"
    android:layout_gravity="fill_horizontal"
    android:text="@string/no" />
</GridLayout>
```

由于网格布局是 Android 4.0（API 14）新支持的布局，在新建工程时将 Minimum Required SDK 设置为 API 14:Android 4.0（IceCreamSandwich）及以上。若在建立工程时忘记选择，则在工程建好之后，找到工程下的 AndroidManifest.xml 并打开，将<uses-sdk>下的 android:minSdkVersion 修改为"14 及以上"即可。

## 3.3 小结

本章介绍了用户界面显示的基础内容，主要包括 Android 中进行用户界面显示的 4 种方法及常用的 5 种布局方式。用户界面显示的 4 种方法各有优缺点，应根据实际需要进行合适的选择。随后介绍的 5 种布局方式，需要读者重点掌握，在实际编程中灵活运用。

## 习 题

1. 简述 Android 中实现用户界面显示有哪几种方法，它们的特点分别是什么？
2. 简述界面布局有哪几种？它们的特点分别是什么？

# 第 4 章 基本界面组件

前一章主要讲解了用户界面布局，那么用户界面上主要包括哪些组件呢？这是本章要讲解的主要内容。

## 4.1 基本组件

Android 系统的界面组件主要分为定制组件和系统组件。定制组件是用户独立开发的组件，或通过继承并修改系统控件后所产生的新组件，如 3.1.4 节，能够提供特殊的功能和显示需求。系统组件是 Android 系统中已经封装的界面组件，是应用程序开发过程中最常见的功能组件。系统组件更有利于进行快速开发，同时能够使 Android 应用程序的界面保持一定的一致性。

常见的 Android 系统组件主要包括 TextView、EditText、Button、CheckBox、RadioButton、ImageView、Spinner、ListView 和 TabHost 等。

在界面设计时需要对不同的组件设置不同的属性，每个组件虽说都有自己的属性，但也有一些相同的属性，表 4-1 中列举了一些常用的属性。

表 4-1　　　　　　　　　　　　　组件常见属性

| 属性 | 说明 |
| --- | --- |
| android:layout_width | 设置组件的宽度 |
| android:layout_height | 设置组件的高度 |
| android:background | 设置组件的背景 |
| android:id | 设置组件的 ID |

### 4.1.1 文本框及编辑框

Android 中提供了两种文本组件：一种是文本框（TextView），用于显示字符，在第 3 章的时候已使用过；另一种是编辑框（EditText），用来输入和编辑字符，其中 EditText 继承于 TextView。

在开发一个应用程序时，往往需要用户进行注册，用户注册时，一般需要用户输入用户名、密码、确认密码、邮箱等。下面介绍在 Android 中，我们如何实现用户注册界面，即图 4-1 所示界面。

首先创建名为 EditText 的 Android 工程，打开 res\layout 下的 activity_main.xml，修改其布局为 TableLayout，将为其添加四个<TableRow>，在第一个 TableRow 中添加一个 TextView 组件和一

个 EditText 组件，其余三个相同，只是每行中组件的属性不太一样，修改组件的相应属性，即可得到图 4-1 所示效果。关键代码如下：

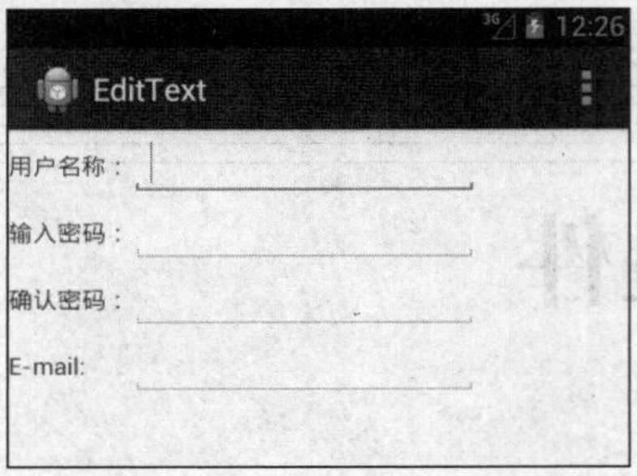

图 4-1 TextView 与 EditText 混合使用

```xml
<TableLayout xmlns:android="http://schemas.android.com/apk/res/android"
    android:layout_width="match_parent"
    android:layout_height="match_parent" >
    <TableRow
        android:layout_width="wrap_content"
        android:layout_height="wrap_content">
        <TextView
            android:layout_width="wrap_content"
            android:layout_height="wrap_content"
            android:text="@string/name" />
        <EditText
            android:layout_width="200dp"
            android:layout_height="wrap_content"
            android:inputType="textPersonName"
            android:singleLine="true" />
    </TableRow>
    <TableRow
        android:layout_width="wrap_content"
        android:layout_height="wrap_content" >
        <TextView
            android:layout_width="wrap_content"
            android:layout_height="wrap_content"
            android:text="@string/password" />
        <EditText
            android:layout_width="200dp"
            android:layout_height="wrap_content"
            android:inputType="textPassword"/>
    </TableRow>
        <TableRow
        android:layout_width="wrap_content"
        android:layout_height="wrap_content">
        <TextView
            android:layout_width="wrap_content"
            android:layout_height="wrap_content"
            android:text="@string/repassword" />
        <EditText
            android:layout_width="200dp"
            android:layout_height="wrap_content"
```

```xml
            android:inputType="textPassword"/>
    </TableRow>
    <TableRow
        android:layout_width="wrap_content"
        android:layout_height="wrap_content">
        <TextView
            android:layout_width="wrap_content"
            android:layout_height="wrap_content"
            android:text="@string/email" />
        <EditText
            android:layout_width="200dp"
            android:layout_height="wrap_content"
            android:inputType="textEmailAddress"/>
    </TableRow>
</TableLayout>
```

## 4.1.2 按钮

Android 中提供了普通按钮（Button）和图像按钮（ImageButton）两种组件，用户在该组件上单击，将会触发一个 onClick 事件，可通过为按钮添加单击事件监听器指定所要触发的动作。图像按钮和普通按钮使用方法基本相同，除标记不同外，图像按钮需为其指定 android:src 属性，即其按钮上显示的是图像。

对于按钮中的事件处理，详见 4.2 节。本小节只是其中的一种应用方式。图 4-2 是按钮的一个示例，初始情况下文本框中显示内容如图 4-2（a）所示："我是一个文本框，试着点下 Button 按钮，或按钮下的图片，观察我的变化呀！"当单击 Button 按钮时，则其内容更改为"你单击了 Button 按钮"，字号变大，如图 4-2（b）所示；若单击下方的 ImageButton 图标，则其内容更改为"你单击了 ImageButton 按钮"，字号相对变小，背景颜色为灰色，如图 4-2（c）所示。

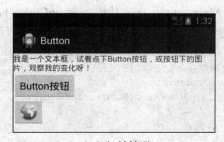
（a）初始情况

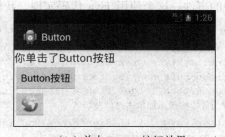
（b）单击 Button 按钮效果

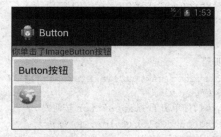
（c）单击 ImageButton 图标效果

图 4-2　按钮

若想实现图 4-2 效果，我们先创建一个名为 Button 的 Android 工程，打开 res\layout 下的 activity_main.xml，修改其布局为 LinearLayout，将其设置为垂直方向排列组件，并为其添加一个 TextView 组件、一个 Button 组件和一个 ImageButton 组件，修改各组件的相应属性，即可得到图 4-2 所示效果。activity_main.xml 中的关键代码如下：

```xml
<LinearLayout xmlns:android="http://schemas.android.com/apk/res/android"
    android:layout_width="match_parent"
    android:layout_height="match_parent"
    android:orientation="vertical">
    <TextView
        android:id="@+id/textView"
        android:layout_width="wrap_content"
        android:layout_height="wrap_content"
        android:text="@string/text"
        />
    <Button
        android:id="@+id/button"
        android:layout_width="wrap_content"
        android:layout_height="wrap_content"
        android:text="@string/button" />
    <ImageButton
        android:id="@+id/imageButton"
        android:layout_width="wrap_content"
        android:layout_height="wrap_content"
        android:src="@drawable/tab_weather"
        android:contentDescription="@string/imagebutton"/>
</LinearLayout>
```

注意代码加粗部分，由于后面我们要使用这些组件，所以我们在布局文件中预先定义这些组件。

用户界面显示已有，如何实现点击不同的按钮，文本框内容、字号及背景的变化呢？这就是按钮中的事件。这个使用 Java 代码实现。我们打开 MainActivity.java 代码，在 onCreate()方法中先获取界面上的三个组件的引用，然后再给普通按钮和图像按钮添加单击事件。关键代码如下：

```java
//通过ID获取布局文件中文本框、普通按钮及图像按钮
final TextView textView = (TextView)this.findViewById(R.id.textView);
Button button = (Button)this.findViewById(R.id.button);
ImageButton imageButton = (ImageButton)this.findViewById(R.id.imageButton);
//为普通按钮添加单击事件监听器
button.setOnClickListener(new OnClickListener(){
    public void onClick(View v) {
        textView.setText("你单击了Button按钮");
        textView.setBackgroundColor(Color.WHITE);
        textView.setTextSize(20);
    }
});
//为图像按钮添加单击事件监听器
imageButton.setOnClickListener(new OnClickListener(){
    public void onClick(View v) {
        textView.setText("你单击了ImageButton按钮");
        textView.setBackgroundColor(Color.GRAY);
        textView.setTextSize(15);
    }
});
```

## 4.1.3 单选按钮及复选按钮

Android 中，单选按钮（RadioButton）和复选按钮（CheckBox）都继承自普通按钮，它们除可直接使用普通按钮具有的功能外，还提供了可选中的功能。图 4-3 是单选按钮和复选按钮的一个示例。

图 4-3 中第 1 题是使用单选按钮实现，第 2 题是使用复选按钮实现。从实现效果来看，单选按钮只能选择一项，而复选按钮可以选择多项。对于单选按钮，使用时为保证一组中仅选择一个，我们需要将其添加到一个单选组（RadioGroup）中。

为实现图 4-3 所示效果，我们先创建一个名为 CompoundButton 的 Android 工程，打开 res\layout 下的 activity_main.xml，修改其布局为 LinearLayout，将其设置为垂直方向排列组件，并为其添加相应的 TextView 组件、RadioButton 组件和 CheckBox 组件，修改各组件的相应属性，即可得到图 4-3 所示效果。关键代码如下：

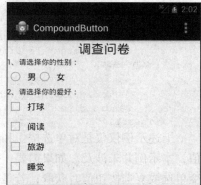

图 4-3　单选按钮和复选按钮

```xml
<LinearLayout xmlns:android="http://schemas.android.com/apk/res/android"
    android:layout_width="match_parent"
    android:layout_height="match_parent"
    android:orientation="vertical" >
    <TextView
        android:layout_width="wrap_content"
        android:layout_height="wrap_content"
        android:text="@string/title"
        android:layout_gravity="center_horizontal"
        android:textSize="24dp"/>
    <TextView
        android:layout_width="wrap_content"
        android:layout_height="wrap_content"
        android:text="@string/sex" />
    <RadioGroup
        android:layout_width="wrap_content"
        android:layout_height="wrap_content"
        android:orientation="horizontal">
        <RadioButton
            android:layout_width="wrap_content"
            android:layout_height="wrap_content"
            android:text="@string/male"/>
         <RadioButton
            android:layout_width="wrap_content"
            android:layout_height="wrap_content"
            android:text="@string/female"/>
    </RadioGroup>
    <TextView
        android:layout_width="wrap_content"
        android:layout_height="wrap_content"
        android:text="@string/hobby" />
    <CheckBox
        android:layout_width="wrap_content"
        android:layout_height="wrap_content"
```

```
            android:text="@string/ball" />
    <CheckBox
        android:layout_width="wrap_content"
        android:layout_height="wrap_content"
        android:text="@string/reading" />
    <CheckBox
        android:layout_width="wrap_content"
        android:layout_height="wrap_content"
        android:text="@string/travelling" />
    <CheckBox
        android:layout_width="wrap_content"
        android:layout_height="wrap_content"
        android:text="@string/sleep" />
</LinearLayout>
```

上述示例仅仅是对单选按钮和复选按钮进行了界面显示，如何监听它们的状态或获取它们的值，本示例并未涉及。如果需要，可以为它们添加 OnCheckedChangeListener 事件监听器，当改变单选或复选按钮值时获取；若是在单击其他按钮时获取，如单击一个普通按钮，则我们可以用其 isChecked() 方法来判定单选或复选按钮相应项是否被选中。

### 4.1.4　图像视图

图像视图（ImageView）用于在屏幕中显示任何 Drawable 对象，通常用来显示图片。而 ImageView 组件显示图像时，通常预先将要显示的图片放置在 res/drawable 目录中。

图 4-4 是 ImageView 的一个示例。左侧显示的是原始图像，而右侧则是对图像进行一个着色。

为实现图 4-4 所示效果，创建一个名为 ImageView 的 Android 工程，打开 res\layout 下的 activity_main.xml，修改其布局为 LinearLayout，并为其添加两个 ImageView 组件，修改它们的相应属性，即可得到如图 4-4 所示效果。关键代码如下：

图 4-4　按钮图像

```
<LinearLayout xmlns:android="http://schemas.android.com/apk/res/android"
    android:layout_width="match_parent"
    android:layout_height="match_parent">
    <ImageView
        android:layout_width="wrap_content"
        android:layout_height="wrap_content"
        android:src="@drawable/leaf" />
    <ImageView
        android:layout_width="wrap_content"
        android:layout_height="wrap_content"
        android:layout_margin="5dp"
        android:hint="#aaff3456"
        android:src="@drawable/leaf" />
</LinearLayout>
```

### 4.1.5　列表选择框

列表选择框（Spinner）是从多个选项中选择一个选项的组件，类似于网页中的下拉列表框，通常用于提供一系列可选择的列表项供用户进行选择，从而方便用户。

图 4-5 是列表选择框的一个示例，图 4-5（a）、图 4-5（b）的区别在于列表选择框的菜单浮动方式不同，图 4-5（a）是一种简单的菜单浮动方式，图 4-5（b）是 Android 内置菜单浮动方式。

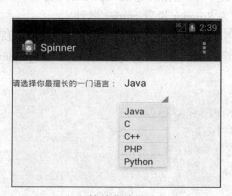

（a）简单菜单浮动方式

（b）Android 内置菜单浮动方式

图 4-5 列表选择框

一般情况下，如果列表选择框中要显示的列表项是可知的，我们可将其保存在数组资源文件中，然后通过数组资源来为列表选择框指定列表项；反之，若列表选择框中要显示的列表项是不确定的，则我们可利用 Java 代码来进行编写。下面通过两种方式来实现图 4-5（b）所示效果。

- 使用数组资源文件的形式

首先创建一个名为 Spinner 的 Android 工程，打开 res\values 目录，在其中创建一个名为 arrays.xml 的 Android XML File，在该文件中添加一个字符串数组，名称为 language，具体代码如下：

```xml
<?xml version="1.0" encoding="utf-8"?>
<resources>
    <string-array name="language">
        <item>Java</item>
        <item>C</item>
        <item>C++</item>
        <item>PHP</item>
        <item>Python</item>
    </string-array>
</resources>
```

随后打开 res\layout 下的 activity_main.xml，修改其布局为 LinearLayout，为其添加一个 TextView 组件，以及一个 Spinner 组件；并为其指定 android:entries 属性。关键代码如下：

```xml
<LinearLayout xmlns:android="http://schemas.android.com/apk/res/android"
    android:layout_width="match_parent"
    android:layout_height="match_parent" >
    <TextView
        android:layout_width="wrap_content"
        android:layout_height="wrap_content"
        android:text="@string/select" />
    <Spinner
        android:id="@+id/spinner1"
        android:entries="@array/language"
        android:layout_width="wrap_content"
        android:layout_height="wrap_content" />
</LinearLayout>
```

在模拟器中运行，即可看到图 4-5（b）所示效果。

- 使用 Java 代码形式

要使用 Java 代码形式实现列表选择框内容的设定，首先在已建的 Spinner 工程中修改其 activity_main.xml，和使用数组资源形式类似，但不用为 Spinner 设置 entries 属性。

随后在 MainActivity.java 中，建立 Spinner 对象的引用，并声明其要显示的信息列表，随后使用数组适配器 ArrayAdapter 将界面控件与底层数据绑定，最后将 ArrayAdapter 对象与 Spinner 对象绑定即可。关键代码如下：

```
//获取 Spinner 对象引用
Spinner spinner = (Spinner) this.findViewById(R.id.spinner1);
//声明要保存显示信息内容的列表对象
List<String> list = new ArrayList<String>();
list.add("Java");//为列表添加内容
list.add("C");
list.add("C++");
list.add("PHP");
list.add("Python");
//建立一个数组适配器对象，将界面控件与底层数据绑定在一起
ArrayAdapter<String> adapter = new ArrayAdapter<String>(this,android.R.layout.simple_spinner_item,list);
//设定 Spinner 活动菜单的显示方式   adapter.setDropDownViewResource(android.R.layout.simple_spinner_dropdown_item);
//将 Spinner 对象与数组适配器对象绑定
spinner.setAdapter(adapter);
```

在模拟器中运行，即可看到相应效果。android.R.layout.simple_spinner_dropdown_item 是 Android 系统内置的一种浮动菜单的方式，若将其修改为 android.R.layout.simple_spinner_item，运行结果则如图 4-5（a）所示。

为保证用户界面显示的内容与底层数据一致，应用程序需要监视底层数据的变化，如果底层数据更改了，则用户界面也需要修改显示内容。在使用适配器绑定界面组件和底层数据后，应用程序就无须再监视底层数据的变化，从而极大地简化了代码复杂性。但有时不仅仅是保证界面数据显示与底层数据一致性的问题，假如用户在选择不同的选项后，需要执行相应的处理，此时仍需为列表选择框添加 onItemSelectedListener 事件监听器。如为 Spinner 对象添加选择列表项事件监听器，在 onItemSelected()方法中获取选择项的值并输出到日志中，可使用下面的代码：

```
//用户选择不同的列表项后,执行相应的处理
spinner.setOnItemSelectedListener(new OnItemSelectedListener(){
    public void onItemSelected(AdapterView<?> parent, View arg1, int pos , long id) {
        String result = parent.getItemAtPosition(pos).toString();//获取选择项的值
        Log.i("spinner seclected value ", result);
    }
    public void onNothingSelected(AdapterView<?> arg0) {    }
});
```

### 4.1.6 列表视图

列表视图（ListView）是 Android 中最常用的一种视图组件，以垂直列表的形式列出需要显示的列表项，如果显示内容过多，则会出现垂直滚动条。列表视图可用于显示系统设置项或功能内容列表等。和列表选择框类似，我们也可通过 XML 布局文件或 Java 文件的形式来完成，除此之

外,还可以让 Activity 继承 ListActivity 实现在屏幕中添加列表视图。本节主要讲解以 XML 文件的形式来进行列表视图在屏幕中的显示。

图 4-6 是列表视图的一个示例。

实现图 4-6 所示效果相对比较简单,和列表选择框一样,首先创建一个名为 ListView 的 Android 工程,打开 res\values 目录,在其中创建一个名为 arrays.xml 的 Android XML File,在该文件中添加一个字符串数组,名称为 setting,修改各 item 的值,具体代码如下:

图 4-6　列表视图

```xml
<?xml version="1.0" encoding="utf-8"?>
<resources>
    <string-array name="setting">
        <item>无线和网络</item>
        <item>设备</item>
        <item>个人</item>
        <item>系统</item>
    </string-array>
</resources>
```

随后打开 res\layout 下的 activity_main.xml,修改其布局为 LinearLayout,为其添加一个 ListView 组件,并指定 android:entries 属性为@array/setting 即可。

以上仅仅是在界面上进行列表视图的显示,如果单击列表视图后,我们想获取选择项的值,此时我们需要为 ListView 添加 OnItemClickListener 事件监听器,具体代码如下:

```java
ListView listView = (ListView)this.findViewById(R.id.listView);
listView.setOnItemClickListener(new OnItemClickListener(){
public void onItemClick(AdapterView<?> parent, View arg1, int pos,    long id) {
    String result = parent.getItemAtPosition(pos).toString();//获取选择项的值
    Toast.makeText(MainActivity.this, result, Toast.LENGTH_LONG).show();//显示提示消息框
    }
});
```

在模拟器中运行,当我们单击"设备"时,消息提示框中将显示"设备",如图 4-7 所示。

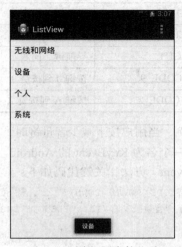

图 4-7　列表视图事件监听

## 4.2 事件处理

现在的图形界面应用程序，都是通过事件来实现人机交互的。事件就是用户对图形界面的操作，比如单击一个按钮就会触发一个按钮的单击事件。事件处理是应用程序与用户交互的前沿，在 Android 框架的设计中，以事件监听器（event listener）的方式来处理用户界面的使用者事件。

在 Android 手机和平板电脑上，主要包括键盘事件、触摸事件和手势等。键盘事件包括按下、弹起等，触摸事件包括按下、弹起、滑动、双击等，手势事件包括按下、抛掷、长按、滚动、按住、抬起等。

### 4.2.1 键盘事件

Android 中提供了 onKeyUp()、onKeyDown() 和 onKeyLongPress() 方法用于处理物理按键事件。对于一个标准的 Android 设备，包含了多个能够触发事件的物理按键，如表 4-1 所示。

表 4-1　　　　　　　　　　Android 设备可用物理按键及其触发

| 物理按键 | KeyEvent | 说明 |
| --- | --- | --- |
| 电源键 | KEYCODE_POWER | 启动或唤醒设备，将界面切换到锁定的屏幕 |
| 后退键 | KEYCODE_BACK | 返回到前一个界面 |
| 菜单键 | KEYCODE_MENU | 显示当前应用的可用菜单 |
| Home 键 | KEYCODE_HOME | 返回到 Home 界面 |
| 查找键 | KEYCODE_SEARCH | 在当前应用中启动搜索 |
| 相机键 | KEYCODE_CAMERA | 启动相机 |
| 音量键 | KEYCODE_VOLUME_UP<br>KEYCODE_VOLUME_DOWN | 控制当前上下文音量，如音乐播放器、手机铃声、通话音量等 |
| 方向键 | KEYCODE_DPAD_CENTER | 导航键，确定 |
| | KEYCODE_DPAD_UP | 导航键，向上 |
| | KEYCODE_DPAD_DOWN | 导航键，向下 |
| | KEYCODE_DPAD_LEFT | 导航键，向左 |
| | KEYCODE_DPAD_RIGHT | 导航键，向右 |
| 键盘键 | KEYCODE_0,…,KEYCODE_9 | 按键 0 到按键 9 |
| | KEYCODE_A,…,KEYCODE_Z | 按键 A 到按键 Z |

图 4-8 是按键事件的一个示例，当用户按下减少音量键时，则在屏幕上提示"音量减少"。

为实现上述效果，首先创建一个名为 KeyEvent 的 Android 工程，打开 MainActivity.java，在其中重写 onKeyDown（int, KeyEvent）方法，关键代码如下：

```
if(keyCode == KeyEvent.KEYCODE_VOLUME_DOWN){
    Toast.makeText(this, "音量减少", Toast.LENGTH_SHORT).show();
    return true;
}
```

图 4-8　按键事件

## 4.2.2　触摸事件

目前，主流的手机基本上没有提供键盘，这些设备需要通过触摸来操作。本节介绍 Android 中按钮如何实现触摸事件的处理。

对于按钮，可以使用 OnClickListener 和 OnLongClickListener 监听器分别处理用户短时间单击和用户长时间单击事件。

（a）短按按钮效果　　　　　　　　　（b）长按按钮效果

图 4-9　触摸事件

图 4-9 是按钮触摸事件的一个示例。当用户短按按钮时，则提示消息"短时间单击按钮信息"；若用户长按按钮时，则提示消息"长时间单击按钮信息"。

为实现上述效果，首先创建一个名为 TouchEvent 的 Android 工程，在布局中删除 TextView 组件，添加 Button 组件，并为其设置相应的文本内容。打开 MainActivity.java，在 onCreate()方法中键入如下代码：

```
Button button = (Button)this.findViewById(R.id.button1);
button.setOnClickListener(new OnClickListener(){
public void onClick(View v) {
    Toast.makeText(MainActivity.this, "短时间单击按钮信息", Toast.LENGTH_SHORT).show();
}
});
button.setOnLongClickListener(new OnLongClickListener(){
public boolean onLongClick(View v) {
    Toast.makeText(MainActivity.this, "长时间单击按钮信息", Toast.LENGTH_SHORT).show();
    return false;
}
});
```

### 4.2.3 手势

目前很多款手机都支持手写输入，其原理是根据用户输入的内容，在预先定义的词库中查找最佳匹配项供用户选择。下面介绍如何在 Android 中创建和识别手势。

如果想进行手势的绘制，必须要先进行手势的创建。创建过程如下：

运行模拟器，进入应用程序界面，如图 4-10 所示。在图 4-10 中，单击"Gestures Builder"应用，进入如图 4-11 所示界面。

图 4-10 应用程序界面　　　　　　　图 4-11 创建手势界面

在 Name 栏中输入该手势所代表的字符如 a，在 Name 栏下画出对应的手势（见图 4-12），单击 Done 按钮完成相应手势的增加。如我们添加了"ＡａＪｎｄｏｉｒ"等，则最后所有手势显示情况如图 4-13 所示。

创建完手势之后，我们需要将保存好的手势文件导出，以便在自己开发的应用程序中使用。

导出方法：打开 Eclipse 并切换到 DDMS 视图，在 File Explorer 中找到\mnt\sdcard\gestures 文件，并将其导出，使用默认名称 gestures。

为演示手势的识别，创建一个名称为 Gestures 的 Android 工程，在 res 文件夹下新建名为 raw 的文件夹，将之前导出的 gestures 复制到该文件夹下；随后打开 res\layout 下的 activity_main.xml，为其增加一个 GuestOverlayView 控件来接收用户的手势，关键代码如下：

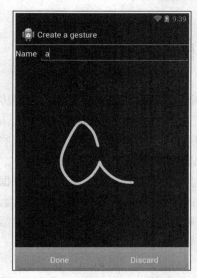
图 4-12  绘制 a 手势

图 4-13  显示所有手势界面

```
<android.gesture.GestureOverlayView
    android:id="@+id/gestures"
    android:layout_width="fill_parent"
    android:layout_height="0dip"
    android:layout_weight="1.0"
></android.gesture.GestureOverlayView>
```

打开 MainActivity.java，让其实现 OnGesturePerformedListener 接口。在 onCreate()方法中，加载 raw 文件夹中的手势文件，接着获取布局文件中定义的 GestureOverlayView 控制，在 onGesturePerformed()方法中实现获得得分最高的预测结果并提示。关键代码如下：

```java
protected void onCreate(Bundle savedInstanceState) {
    super.onCreate(savedInstanceState);
    setContentView(R.layout.activity_main);
    library = GestureLibraries.fromRawResource(this,R.raw.gestures);//加载手势文件
    if(!library.load()){
        finish();//如果加载手势文件失败，则退出
    }
    GestureOverlayView gesture = (GestureOverlayView)this.findViewById(R.id.gestures);
    gesture.addOnGesturePerformedListener(this);//增加事件监听器
}
public void onGesturePerformed(GestureOverlayView overlay, Gesture gesture) {
    ArrayList<Prediction> gestures = library.recognize(gesture);//获得全部预测结果
    int index = 0;//保存当前预测的索引号
    double score = 0.0;//保存当前预测的得分
    for(int i = 0; i < gestures.size(); i++){
        Prediction result = gestures.get(i);//获取第 i 个预测结果
        if(result.score > score){
            index = i;
            score = result.score;
        }
    }
    Toast.makeText(this, gestures.get(index).name, Toast.LENGTH_SHORT).show();
}
```

## 4.3　Intent 的使用

　　Intent 是一种轻量级的消息传递机制，可在同一个应用程序内部的不同组件之间传递消息，也可在不同应用程序的组件之间传递消息，还可作为广播事件发布 Android 系统消息。Intent 的存在，使得 Android 系统中互相独立的组件成为可互相通信的组件集合。因此，无论这些组件是否在同一个应用程序中，Intent 都可将一个组件的数据或动作传递给另一个组件。

　　Intent 是一个动作的完整描述，包含了动作的产生组件、接收组件和所传递的数据信息，接收组件在接收到 Intent 所传递的消息后，会执行相应的动作。Intent 支持显示启动或隐式启动组件，显示启动需要指明需要加载组件的类，隐式启动则无须指明具体的类，只要提供需要处理的数据或动作即可。

（1）显式的 Intent

　　在同一个程序中需要从当前 Activity 跳转到另一个指定的 Activity，这时常用显式的 Intent。

　　要创建一个显式的 Intent，可使用构造方法 Intent（Context packageContext, Class<?> cls）来创建。两个参数分别指定 Context 和 Class，Context 设置为当前的 Activity 对象，Class 设置为需要跳转到的 Activity 的类对象，如要从当前界面跳转到 LoginActivity，就可采用如下两种方式构造一个 Intent 对象。

方法 1：

```
Intent intent = new Intent(this,LoginActivity.class);
startActivity(intent);
```

方法 2：

```
Intent intent = new Intent();
intent.setClass(this,LoginActivity.class);
startActivity(intent);
```

　　新使用的 Activity，如此处的 LoginActivity，必须在 AndroidManifest.xml 文件中配置。

（2）隐式的 Intent

　　Intent 机制更重要的作用在于 Intent 的发送者不指定接收者，很可能不知道也不关心接收者是谁，而是由 Android 框架去寻找最匹配的接收者。如程序需要调用 Android 的电话功能，就要采用如下方式创建 Intent。

方法 1：

```
Intent intent = new Intent(Intent.ACTION_DIAL);
startActivity(intent);
```

方法 2：

```
Intent intent = new Intent();
intent.setAction(Intent.ACTION_DIAL);
startActivity(intent);
```

　　不管是显式还是隐式 Intent，在完成 Activity 的切换的时候都可能涉及数据的传递。Intent 给用户提供了一系列的方法，如 putExtra（String name，String value）：采用 key-value 的形式，name 是数据的键值，value 是数据的值。

以下给出一个例子来演示显式 Intent 的使用。运行程序，在界面上首先显示如图 4-14 所示信息，若单击"退出"按钮时则退出当前应用程序，若单击"登录"按钮时则进入登录界面，如图 4-15 所示。在登录界面中，若单击"重置"按钮，则所填写信息均置为空，若单击"登录"，则进入所输入信息的显示界面，如图 4-16 所示。

图 4-14 欢迎界面

图 4-15 登录界面　　　　　　　　　图 4-16 信息显示界面

如何实现上述效果，首先我们创建一个名为 Intent 的 Android 工程，在其中再新建两个 Activity 的子类，分别命名为 LoginActivity 和 ShowActivity，并在 AndroidManifest.xml 中进行配置。在 MainActivity.java 中为按钮添加相应事件，参考代码如下：

```java
Button login = (Button)this.findViewById(R.id.login);//通过 id 值获得按钮对象
login.setOnClickListener(new OnClickListener(){//为按钮增加单击事件监听器
    public void onClick(View v){
        Intent intent = new Intent(MainActivity.this, LoginActivity.class);//创建 Intent 对象
        MainActivity.this.startActivity(intent);//将 Intent 传递给 Activity
    }
});
Button exit = (Button)this.findViewById(R.id.exit);//通过 id 值获得按钮对象
exit.setOnClickListener(new OnClickListener(){//为按钮增加单击事件监听器
    public void onClick(View v){
        finish();//退出当前应用程序
    }
});
```

为 LoginActivity.java 设置相应的布局，随后我们获取其按钮，并为其添加相应的事件，由于用户输入数据将在 ShowActivity 中进行显示，此处需要使用 Intent 的 putExtra()方法。LoginActivity.java 参考代码如下：

```java
public class LoginActivity extends Activity implements OnClickListener{
protected void onCreate(Bundle savedInstanceState) {
    super.onCreate(savedInstanceState);
    setContentView(R.layout.login);
    Button login = (Button)this.findViewById(R.id.login);//通过 id 值获得按钮对象
    Button reset = (Button)this.findViewById(R.id.reset);//通过 id 值获得按钮对象
    login.setOnClickListener(this);//为按钮增加单击事件监听器
    reset.setOnClickListener(this);//为按钮增加单击事件监听器
}
```

```java
    public void onClick(View v) {
        EditText name = (EditText)this.findViewById(R.id.name);
        EditText password = (EditText)this.findViewById(R.id.password);
        EditText email = (EditText)this.findViewById(R.id.email);
        if(v.getId() == R.id.login) {
            Intent intent = new Intent(this,ShowActivity.class);//创建 Intent 对象
            intent.putExtra("name",name.getText().toString());//将用户名称输入框中内容保存到 name 变量中
            intent.putExtra("password", password.getText().toString());//将输入密码输入框中内容保存到 password 变量中
            intent.putExtra("email", email.getText().toString());//将 E-mail 输入框中内容保存到 email 变量中
            startActivity(intent);//将 Intent 传递给 Activity
        }else if(v.getId() == R.id.reset){
            name.setText("");//置空
            password.setText("");
            email.setText("");
        }
    }
}
```

ShowActivity.java 中需要获取从 LoginActivity.java 中传递过来的数据，可以使用 Intent 的 getStringExtra（String）方法来获取，为将用户输入信息显示在界面中，可使用 TextView 组件。ShowActivity.java 参考代码如下：

```java
public class ShowActivity extends Activity {
    public void onCreate(Bundle savedInstanceState){
        super.onCreate(savedInstanceState);
        Intent intent = this.getIntent();//获取 Intent 对象
        String name = intent.getStringExtra("name");//获取字符串 name 的值
        String password = intent.getStringExtra("password");//获取字符串 password 的值
        String email = intent.getStringExtra("email");//获取字符串 email 的值
        TextView textView = new TextView(this);    //实例化一个 TextView 组件
        textView.setText("你输入的信息如下：\n 用户名为："+name+"\n 密码为："+password+"\n 邮箱为："+email);//设置文本框内容
        setContentView(textView);
    }
}
```

除了使用 Intent 进行数据传递外，还可使用 Bundle 进行数据的传递。Bundle 其实也是一个 Key-Value 的映射。但对于使用 Bundle 进行数据传递时，其传递的数据是对象，并且此对象必须是序列化的，这就要求此对象继承 Parcelable 或 Serializable 接口。

下面我们使用 Bundle 的方式实现上述示例。主要涉及 LoginActivity 中存对象数据和 ShowActivity 中取对象数据。

若想用 Bundle 实现，首先我们新建一个 User 类，将其实现 Serializable 接口，其中有 3 个私有属性——name、password 及 email，并对每个属性能够进行 get/set 操作。

在 LoginActivity 中，将前面加粗的 3 行代码更改为如下代码：

```java
Bundle bundle = new Bundle();//实例化 Bundle 对象
String nameV = name.getText().toString();//获取用户名
String passwordV = password.getText().toString();//获取密码
```

```
String emailV = password.getText().toString();//获取 E-mail 地址
User user = new User(nameV,passwordV,emailV);//依据用户名、密码、E-mail 实例化一个 user
bundle.putSerializable("user", user);//将 user 对象保存到 user 中
intent.putExtras(bundle);//将 bundle 存在 intent 中
```

在 ShowActivity.java 中，我们使用 Intent 获取序列化对象，然后再使用 get()方法获取对象的值。将前面加粗的 3 行代码修改为如下代码：

```
User user = (User)intent.getSerializableExtra("user");
String name = user.getName();
String password = user.getPassword();
String email = user.getEmail();
```

再次运行本应用程序，运行效果同前。

## 4.4　小结

本章主要讲解了基本用户界面中所用到的基本组件、事件处理、Intent 的使用等。基本组件需要读者重点掌握，在实际编程时会经常使用；对于事件处理，本章给出的为常见的事件处理方式，通过与前面介绍的常用组件结合，可实现 Android 应用程序的外部骨架；对于 Intent 的使用，在开发中，应注意显式 Intent 和隐式 Intent 的使用。

## 习　题

1. 简述 Intent 的用途。
2. 编写登录界面，提供账号和密码两个文本输入框，在界面上提供退出和提交按钮；按下退出按钮，则退出整个应用程序；按下提交按钮，如果账号输入为 software，密码为 android，则在界面上提示登录成功，否则显示登录失败。

# 第 5 章 高级界面组件

第 4 章中已对 Android 提供的基本界面组件进行了讲解，本章将介绍 Android 提供的常用高级组件。

## 5.1 高级组件

为降低开发者的开发难度，为快速开发程序提供方便，Android 提供了高级组件，如自动完成文本框、进度条、选项卡、网格视图、消息框及对话框等。

### 5.1.1 自动填充文本框

自动填充文本框（AutoCompleteTextView）是 EditText 的子类，用于实现当用户输入一定字符后，显示一个下拉菜单，供用户进行选择，当用户选择某个选项后，按用户选择自动填写该文本框。这和平时上网利用搜索引擎进行某项查询时一样，在输入框中输入欲查询的内容信息，随后就会出现与之相关的提示信息，非常方便。

建议列表显示在一个下拉列表框中，可以选中某项代替编辑框里的内容。当用户点击回车键时，或什么也没有选中点击回车键时，下拉列表自动消失。建议列表是从一个数据适配器获取的数据。

在屏幕中添加自动完成文本框，和添加基本组件一样，在 XML 布局文件中通过<AutoCompleteTextView>标记添加，基本语法格式如下：

```
<AutoCompleteTextView
属性列表
>
</AutoCompleteTextView>
```

图 5-1 是自动完成文本框的一个示例，当用户在输入框中输入 "ja" 时，则下拉列表中会自动显示相关的搜索内容。双击想要的列表项，即可将选中的内容显示到自动完成文本框。单击"搜索"按钮，则会在界面上提示你刚输入的内容。如何实现呢？下面给出相应的解决方案。

新建一个名为 AutoCompleteTextView 的 Android 工程，打开 res\layout 下的 activity_main.xml，修改其布局为 LinearLayout，并为其添加一个 AutoCompleteTextView 组件和一个 Button 组件，修改它们的相应属性，即可得到图 5-1 所示效果。

布局代码如下：

```
<LinearLayout xmlns:android="http://schemas.android.com/apk/res/android"
    android:layout_width="match_parent"
```

```xml
    android:layout_height="match_parent">
    <AutoCompleteTextView
        android:id="@+id/autoCompleteTextView"
        android:layout_width="0dp"
        android:layout_height="wrap_content"
        android:text=""
        android:completionHint="输入搜索内容"
        android:completionThreshold="2"
        android:layout_weight="7"/>
    <Button
        android:id="@+id/button"
        android:layout_width="wrap_content"
        android:layout_height="wrap_content"
        android:text="@string/search"
        android:layout_marginLeft="10dp"/>
</LinearLayout>
```

图 5-1 自动完成文本框

<AutoCompleteTextView>组件中的 android:completionHint 属性设置下拉菜单中显示的提示标题；android:completionThreshold 属性设置用户至少输入 2 个字符才会显示提示。

以上仅是在界面上添加一个自动完成框，如果设置其显示内容，打开 MainActivity，定义一个字符串数组常量，用于保存下拉列表中显示的内容，具体代码如下：

```
private  static final String[] COUNTRIES = {"Java 教程","Java 环境变量设置","Java 下载","Java 素材","JavaScript"};
```

随后在 onCreate()方法，获取自动文本框，然后创建一个保存下拉列表中要显示的列表项的 ArrayAdapter 适配器，最后将适配器与自动完成框相关联；获取"搜索"按钮，并为其添加事件监听器，在 onClick()方法中通过消息提示框显示自动完成文本框中输入的内容。关键代码如下：

```
//获取自动完成对话框
final AutoCompleteTextView textView = (AutoCompleteTextView)this.findViewById(R.id.autoCompleteTextView);
//创建一个 ArrayAdapter 适配器
ArrayAdapter<String>  adapter =  new  ArrayAdapter<String>(this,android.R.layout.simple_dropdown_item_1line,COUNTRIES);
//为自动完成对话框设置适配器
```

```
        textView.setAdapter(adapter);
    //获取"搜索"按钮
    Button button = (Button)this.findViewById(R.id.button);
    //为"搜索"按钮添加事件监听器
    button.setOnClickListener(new OnClickListener(){
        public void onClick(View v) {
            Toast.makeText(MainActivity.this, textView.getText().toString(),Toast.LENGTH_LONG).show();
        }
    });
```

### 5.1.2 进度条

在应用程序中，有时需要提示程序执行的进度，Android 中提供了进度条（ProgressBar）来向用户显示某个耗时操作完成的百分比。在某些操作的进度中的可视指示器，为用户呈现操作的进度，有时进度条也可不确定其进度，如某些应用程序中使用的任务长度是未知的，在不确定时，进度条显示循环动画。Android 中进度条风格用 style 属性标记，其值如表 5-1 所示。

表 5-1　　　　　　　　　　　Android 进度条风格

| 名称 | 描述 |
| --- | --- |
| @android:attr/progressBarStyleHorizontal | 细水平长条进度条 |
| @android:attr/progressBarStyleLarge | 大圆形进度条 |
| @android:attr/progressBarStyleSmall | 小圆形进度条 |
| @android:style/Widget.ProgressBar.Large | 大跳跃、旋转画面的进度条 |
| @android:style/Widget.ProgressBar.Small | 小跳跃、旋转画面的进度条 |
| @android:style/Widget.ProgressBar.Horizontal | 粗水平长条进度条 |

图 5-2 是进度条的一个简单示例。屏幕上显示一个粗水平长条进度条，初始值为 50，最大值为 100；当点击"增加"按钮时，进度条的值加 1；当点击"减少"按钮时，进度条的值减 1。

如何实现图 5-2 所示效果。新建一个名为 ProgressBar 的 Android 工程，打开 res\layout 下的 activity_main.xml，修改其布局为 LinearLayout，并为其添加一个 ProgressBar 组件和两个 Button 组件，修改它们的相应属性，即可得到图 5-2 所示效果。关键代码如下：

图 5-2　粗水平长条进度条

```
<LinearLayout xmlns:android="http://schemas.android.com/apk/res/android"
    android:layout_width="match_parent"
    android:layout_height="match_parent"
    android:orientation="vertical">
    <ProgressBar
        android:id="@+id/progressBar1"
        android:layout_width="200dp"
        android:layout_height="wrap_content"
        android:max="@string/max"
        android:progress="@string/value"
        style="@android:style/Widget.ProgressBar.Horizontal"/>
    <LinearLayout
```

```
        android:layout_width="wrap_content"
        android:layout_height="wrap_content"
        android:orientation="horizontal">
    <Button
     android:id="@+id/increase"
        android:layout_width="wrap_content"
        android:layout_height="wrap_content"
        android:text="@string/increase"/>
    <Button
        android:id="@+id/decrease"
        android:layout_width="wrap_content"
        android:layout_height="wrap_content"
        android:text="@string/decrease"/>
    </LinearLayout>
</LinearLayout>
```

在 MainActivity 类中，先获取进度条、两个按钮的引用，随后分别为两个按钮添加单击事件。当点击"增加"按钮时，重设进度条的值为当前值加 1；当单击"减少"按钮时，重设进度条的值为当前值减 1。关键代码如下：

```
final ProgressBar horizonP = (ProgressBar)this.findViewById(R.id.progressBar1);
    Button increase = (Button)this.findViewById(R.id.increase);
    Button decrease = (Button)this.findViewById(R.id.decrease);
    increase.setOnClickListener(new OnClickListener(){
        public void onClick(View v) {
            horizonP.setProgress(horizonP.getProgress()+1);
        }
    });
    decrease.setOnClickListener(new OnClickListener(){
        public void onClick(View v) {
            horizonP.setProgress(horizonP.getProgress()-1);
        }
    });
```

## 5.1.3 选项卡

为实现选项卡功能，Android 中可使用 TabHost、TabWidget 和 FrameLayout 三个组件。在 Android SDK 3.0 版本及以后，也可使用操作栏和 Fragment 实现选项卡功能。虽说 TabHost 已过期，但因旧版本的 Android 系统还有一定的生存周期，且使用 TabActivity 实现的选项卡方法在 Android SDK 4.0 中仍可正常运行，所以本书仍对该方法进行介绍。对于使用操作栏和 Fragment 实现方式，本节不再阐述，代码可参考光盘中源代码 Fragment 工程。

使用 TabHost、TabWidget 和 FrameLayout 实现选项卡，3 个组件的功能分别为：TabHost 是布局的根节点，TabWidget 用于显示选项卡，FrameLayout 用于显示标签内容。

实现选项卡一般步骤如下：
（1）在布局文件中添加选项卡所需的 TabHost、TabWidget 和 FrameLayout 组件。
（2）编写各标签页中要显示内容所对应的 XML 布局文件。
（3）在 Activity 中，获取并实例化 TabHost 组件。
（4）为 TabHost 对象添加标签页。

实现选项卡有两种方法：一种是将多个 View 放在同一个 Activity 中，然后使用标签来进行切换，另一种是直接使用标签切换不同的 Activity。图 5-3 是选项卡的一个示例。下面分别用两种方法来实现其效果。

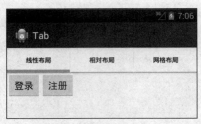
（a）线性布局选项卡效果

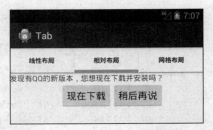
（b）相对布局选项卡效果

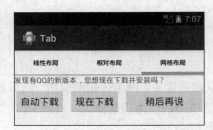
（c）网格布局选项卡效果

图 5-3　选项卡

首先新建一个名为 Tab 的 Android 工程，打开 res\layout 下的 activity_main.xml，为其添加 TabHost、TabWidget 和 FrameLayout 组件，并分别建立 3 个 Android XML File，名称分别为 tab1、tab2 和 tab3，布局代码参考 3.2.1 小节线性布局、3.2.4 小节相对布局及 3.2.5 小节网格布局。activity_main.xml 布局代码如下：

```xml
<TabHost xmlns:android="http://schemas.android.com/apk/res/android"
    android:id="@android:id/tabhost"
    android:layout_width="wrap_content"
    android:layout_height="wrap_content">
    <LinearLayout
        android:layout_width="wrap_content"
        android:layout_height="wrap_content"
        android:orientation="vertical"
        android:padding="5dp">
        <TabWidget
            android:id="@android:id/tabs"
            android:layout_width="fill_parent"
            android:layout_height="wrap_content"/>
        <FrameLayout
            android:id="@android:id/tabcontent"
            android:layout_width="fill_parent"
            android:layout_height="fill_parent"
            android:padding="3dp"
            />"
    </LinearLayout>
</TabHost>
```

第一种方法如下。

在 MainActivity 中，获取并初始化 TabHost 组件，并为其添加标签页，关键代码如下：

```
//实例化LayoutInlater对象
LayoutInflater.from(this).inflate(R.layout.tab1,tabHost.getTabContentView(),true);
LayoutInflater.from(this).inflate(R.layout.tab2,tabHost.getTabContentView(),true);
```

```
LayoutInflater.from(this).inflate(R.layout.tab3,tabHost.getTabContentView(),true);
//添加标签页
    tabHost.addTab(tabHost.newTabSpec("TAB1").setIndicator("线性布局").setContent(R.id.layout01));
    tabHost.addTab(tabHost.newTabSpec("TAB2").setIndicator("相对布局").setContent(R.id.layout02));
    tabHost.addTab(tabHost.newTabSpec("TAB3").setIndicator("网格布局").setContent(R.id.layout03));
```

第二种方法如下。

为每一个选项卡编写一个相应的 Activity，并在 AndroidManifest.xml 中进行注册，随后在 MainActivity 中通过 Intent 启动相应选项卡的 Activity。如第一个选项卡的 Activity 命名为 Tab1Activity，其关键代码如下：

```
public class Tab1Activity extends Activity {
    public void onCreate(Bundle savedInstanceState)    {
        super.onCreate(savedInstanceState);
        setContentView(R.layout.tab1);
    }
}
```

MainActivity 中关键代码如下：

```
//获得Tab标签页的容器，用以承载可以点击的Tab标签和分页的界面布局
TabHost tabHost = this.getTabHost();
//通过Intent启动各个选项卡的Activity
tabHost.addTab(tabHost.newTabSpec("TAB1").setIndicator("线性布局").setContent(new Intent().setClass(this,Tab1Activity.class)));
    tabHost.addTab(tabHost.newTabSpec("TAB2").setIndicator("相对布局").setContent(new Intent().setClass(this,Tab2Activity.class)));
    tabHost.addTab(tabHost.newTabSpec("TAB3").setIndicator("网格布局").setContent(new Intent().setClass(this,Tab3Activity.class)));
```

无论采用哪种方式，运行本应用程序后，当选择相应的选项卡时，都会出现如图 5-3（a）、5-3（b）及 5-3（c）所示效果。

## 5.2  消息提示框与对话框

在 Android 项目开发中，在某些情况下需要向用户弹出提示信息，如显示错误信息、收到短消息等。Android 中提供了消息提示框和对话框来显示这些信息。下面分别介绍消息提示框和对话框的基本应用。

### 5.2.1  消息提示框

消息提示框（Toast）是一种短暂的、简易的消息提示框，显示一段时间后不需要与用户交互即自动消失，所以一般用来显示一些建议性的不太重要的消息，如提示用户后台一个任务已完成，应用范围较为广泛。

在前面的实例中，已应用过 Toast 类来显示一个简单的消息提示框。下面将对其进行详细的介绍。

使用 Toast 进行消息提示比较简单，步骤如下。

（1）创建一个 Toast 对象。
（2）调用 Toast 类提供的方法设置该消息提示框的对齐方式、页边距、显示的内容等。
（3）调用 Toast 类的 show()方法显示消息提示框。

创建 Toast 对象有两种方法，一种是使用构造方法进行构造，另一种是调用 Toast 类的 makeText()方法创建。而 Toast 类的常用方法如表 5-2 所示。

表 5-2　　　　　　　　　　　　Toast 常用方法

| 方法 | 描述 |
| --- | --- |
| setDuration( int duration) | 用于设置消息提示框持续的时间，参数值通常使用 Toast.LENGTH_LOGN, Toast.LENGTH_SHORT |
| setGravity(int gravity, int xOffset, int yOffset) | 用于设置消息提示框的位置，参数 gravity 用于指定对齐方式，xOffset 和 yOffset 用于指定具体的偏移值 |
| setMargin(float horizontalMargin, float verticalMargin) | 用于设置消息提示框的页边距 |
| setText(CharSequence s) | 用于设置要显示的文本内容 |
| setView(View view) | 用于设置将要在消息提示框中显示的视图 |

用 makeText()方法创建消息提示框，在前面章节已使用过。这里仅介绍使用构造方法进行消息提示框的构造。图 5-4 是消息提示框的一个示例。

图 5-4　消息提示框

首先新建一个名为 Toast 的 Android 工程，打开 res\layout 下的 activity_main.xml，将其布局设置为 Linear Layout，并为其设置一个 android:id 属性，关键代码如下：

```
<LinearLayout xmlns:android="http://schemas.android.com/apk/res/android"
    android:id="@+id/linearLayout"
    android:layout_width="match_parent"
    android:layout_height="match_parent"
    android:orientation="horizontal">
</LinearLayout>
```

在 MainActivity.java 的 onCreate()方法中，使用 Toast 的构造方法为其创建一个消息对话框，并设置其持续时间、对齐方式及显示的内容等。具体代码如下：

```
Toast toast = new Toast(this);
toast.setDuration(Toast.LENGTH_LONG);                //设置持续时间
toast.setGravity(Gravity.TOP, 10,10 0);              //设置对齐方式
LinearLayout layer = new LinearLayout(this);         //创建一个线性布局管理器
ImageView imageView = new ImageView(this);           //创建一个 ImageView
imageView.setImageResource(R.drawable.ic_launcher);  //设置要显示的图片
imageView.setPadding(0,0,5,0);                       //设置页边距
layer.addView(imageView);                            //将 ImageView 添加到线性布局管理器中
TextView textView = new TextView(this);              //初创化一个 TextView
textView.setText("我是一个消息提示框");              //为 TextView 设置文本内容
layer.addView(textView);                             //将 TextView 添加到线性布局管理器中
toast.setView(layer);                                //设置消息提示框中要显示的视图
toast.show();                                        //显示消息提示框
```

## 5.2.2 通知（Notification）

当用户没有接到电话的时候，Android 顶部状态栏里就会出现一个小图标，提示用户没有处理的快讯，当拖动状态栏时，可查看这些快讯。Android 提供了通知（Notification）和通知管理器（NotificationManager）来管理状态栏。其中，Notification 代表的是具有全局效果的通知，NotificationManager 是用于发送 Notification 通知的系统服务。

使用 Notification 和 NotificationManager 类发送和显示消息大致分为 4 个步骤。

（1）调用 getSystemService()方法获取系统的 NotificationManager 服务。
（2）创建一个 Notification 对象，并为其设置各种属性。
（3）为 Notification 对象设置事件信息。
（4）通过 NotificationManager 类的 notify()方法发送 Notification 通知。

## 5.2.3 对话框

对话框（AlertDialog）类似于传统的模式对话框，需要与用户交互后才会关闭。对话框形式既可以是带按钮的提示对话框，也可以是带列表的列表对话框。通常情况下，用 AlertDialog 类生成带 N 个按钮的提示对话框，用 AlertDialog.Builder 类生成列表对话框，而列表对话框又可以是仅带文本列表的对话框、带多个单选列表项和 N 个按钮的列表对话框以及带多个多选列表项和 N 个按钮的列表对话框。

下面在一个 Android 工程中，将 4 种对话框形式全部实现，如图 5-5、图 5-6、图 5-7 和图 5-8 所示。当单击图 5-5 中的"按钮提示对话框"按钮，则弹出图 5-6 所示的带按钮的提示对话框，当点击下面 3 个按钮时，则依次弹出图 5-7、图 5-8 和图 5-9 所示效果。

图 5-5  4 种对话框形式

图 5-6  按钮提示对话框

图 5-7  列表对话框

图 5-8  单选列表对话框

图 5-9  多选列表对话框

如何实现上述效果，首先新建一个名为 Dialog 的 Android 工程，打开 res\layout 下的 activity_main.xml，修改其布局为 LinearLayout，并将默认添加的 TextView 组件删除，为其添加 4 个 Button 组件，id 分别为 button1、button2、button3 和 button4。Button 上的文本内容及排列方式见图 5-5。由于此布局相对比较简单，此处不再详述其代码。

在 MainActivity.java 的 onCreate()方法中，分别实现 4 种对话框。

（1）带按钮的提示对话框。获取布局文件中添加的第 1 个按钮 button1，并为其添加单击事件监听器，在重写的 onClick()方法中，应用 AlertDialog 类创建一个带取消和确定按钮的提示消息框。具体代码如下：

```java
//获取"按钮提示对话框"按钮
Button button = (Button)this.findViewById(R.id.button1);
//为"按钮提示对话框"按钮添加单击事件监听器
button.setOnClickListener(new View.OnClickListener() {
    public void onClick(View v) {
        AlertDialog alert = new AlertDialog.Builder(MainActivity.this).create();
        alert.setIcon(R.drawable.ic_launcher);//设置对话框图标
        alert.setTitle("系统提示：");//设置对话框的标题
        alert.setMessage("确定退出？");//设置要显示的内容
        //添加"确定"按钮
        alert.setButton(DialogInterface.BUTTON_POSITIVE, "确定", new OnClickListener(){
            public void onClick(DialogInterface dialog, int which){
                Toast.makeText(MainActivity.this, "您单击了确定按钮", Toast.LENGTH_SHORT).show();
            }
        });
        //添加"取消"按钮
        alert.setButton(DialogInterface.BUTTON_NEGATIVE, "取消",new OnClickListener(){
            public void onClick(DialogInterface dialog, int which) {
                Toast.makeText(MainActivity.this, "您单击了取消按钮", Toast.LENGTH_SHORT).show();
            }
        });
        alert.show();//显示对话框
    }
});
```

（2）带列表的列表对话框。获取布局文件中添加的第 2 个按钮 button2，并为其添加单击事件监听器，在重写的 onClick()方法中，应用 AlertDialog 类创建一个带 4 个列表项的列表对话框，具体代码如下：

```java
//列表对话框
Button button2 = (Button)this.findViewById(R.id.button2);
button2.setOnClickListener(new View.OnClickListener() {
    public void onClick(View v) {
        final String[] items = {"Java","C#","C++","PHP"};
        Builder builder = new AlertDialog.Builder(MainActivity.this);
        builder.setIcon(R.drawable.ic_launcher);
        builder.setTitle("请选择你的编程语言：");
        //添加列表项
        builder.setItems(items, new OnClickListener(){
```

```
            public void onClick(DialogInterface dialog, int which) {
                Toast.makeText(MainActivity.this, "您选择了"+items[which], Toast.LENGTH_SHORT).
show();
            }
        });
        builder.create().show();//创建对话框并显示
    }
});
```

（3）带单选列表的列表对话框。获取布局文件中添加的第 3 个按钮 button3，并为其添加单击事件监听器，在重写的 onClick()方法中，应用 AlertDialog 类创建一个带 4 个单选列表项和一个"确定"按钮的列表对话框，具体代码如下：

```
//单选列表对话框
Button button3 = (Button)this.findViewById(R.id.button3);
button3.setOnClickListener(new View.OnClickListener() {
public void onClick(View v) {
    final String[] items = {"移动数据","无线 CMCC","无线 CDMA","移动数据 2"};
    Builder builder = new AlertDialog.Builder(MainActivity.this);
    builder.setIcon(R.drawable.ic_launcher);
    builder.setTitle("请选择你的网络方式: ");
    builder.setSingleChoiceItems(items, 0, new OnClickListener(){
        public void onClick(DialogInterface dialog, int which) {
            Toast.makeText(MainActivity.this, "您选择了"+items[which], Toast.LENGTH_SHORT).
show();
        }
    });
    builder.setPositiveButton("确定", null);//添加"确定"按钮
        builder.create().show();//创建对话框并显示
    }
});
```

（4）带多选列表的列表对话框。由于是多选列表，首先定义一个 boolean 类型的数组，用于记录各列表项的状态，再定义一个 String 类型的数组，用于记录各列表项要显示的内容；随后获取布局文件中添加的第 4 个按钮，并为其添加单击事件监听器，在重写的 onClick()方法中，应用 AlertDialog 类创建一个带 4 个多选列表项和一个"确定"按钮的列表对话框。具体代码如下：

```
//记录各列表项状态
final boolean[] checkedItems = {false,true,false,true};
//记录各列表项要显示的内容
final String[] items = {"阅读","旅游","看电影","购物"};
//多选列表项对话框
Button button4 = (Button)this.findViewById(R.id.button4);
button4.setOnClickListener(new View.OnClickListener() {
    public void onClick(View v) {
    Builder builder = new AlertDialog.Builder(MainActivity.this);
    builder.setIcon(R.drawable.ic_launcher);
    builder.setTitle("请选择您的爱好: ");
    builder.setMultiChoiceItems(items, checkedItems, new OnMultiChoiceClickListener(){
        public void onClick(DialogInterface dialog,int which,boolean isChecked) {
            checkedItems[which] = isChecked;
        }
```

```
        });
        builder.setPositiveButton("确定",new OnClickListener(){
            public void onClick(DialogInterface dialog, int which)  {
                String result = "";//用于保存选择结果
                for(int i = 0; i < checkedItems.length; i++){
                    if(checkedItems[i])  {//当选项被选择时
                        result += items[i] + "、";//将选项的内容添加到result中
                    }
                }
                if(!"".equals(result)) {              //若result不为空,显示选中的结果
                    result = result.substring(0,result.length()-1);//去年最后一个字符
                    Toast.makeText(MainActivity.this, "您选择了["+result+"]", Toast.LENGTH_LONG).show();
                }
            }
        });
        builder.create().show();//创建对话框并显示
    }
});
```

Button 组件的 onClickListener()和 Builder 的 onClickListener()来自不同的包,前者是 android.view.View 包下的,后者是 android.content.DialogInterface.OnClickListener 包下的。利用 Builder 实现对话框时,若忘记写 builder.create().show();则对话框不会显示。

# 5.3 菜单

菜单是应用程序开发中非常重要的组成部分,能够在不占用界面空间的前提下,为应用程序提供统一的选择功能和设置界面,并为程序开发人员提供易于使用的编程接口。Android 系统支持 3 种菜单模式:上下文菜单(Context Menu)、子菜单(SubMenu)和选项菜单(Option Menu)。

Android 中提供了两种实现菜单的方法,分别是通过 Java 代码创建菜单和使用菜单资源文件创建菜单。下面使用菜单资源文件来定义菜单。

## 5.3.1 上下文菜单

上下文菜单和 Windows 中单击鼠标右键弹出来的菜单差不多,它一般是通过长按屏幕(超过 2 秒),调用注册了的上下文菜单。

实现上下文菜单的具体步骤如下。

(1)在 Activity 的 onCreate()方法中注册上下文菜单。例如,为文本框组件注册上下文菜单,可使用下面的代码。也就是在单击该文本框时,才显示上下文菜单。

```
textView = (TextView)this.findViewById(R.id.show);
textView.setTextSize(12.0F);
registerForContextMenu(textView);//为文本框注册上下文菜单
```

(2)重写 Activity 中的 onCreateContextMenu()方法。在该方法中,首先创建一个用于解析菜单资源文件的 MenuInflater 对象,然后调用该对象的 inflate()方法解析一个菜单资源文件,并把解析后的菜单保存在 menu 中,最后为菜单设置图标和标题,关键代码如下:

```
MenuInflater inflator = new MenuInflater(this);//实例化一个MenuInflater对象
inflator.inflate(R.menu.main, menu);//解析菜单文件
menu.setHeaderIcon(R.drawable.ic_launcher);//为菜单设置图标
menu.setHeaderTitle("请设置字体大小: ");//为菜单头设置标题
```

（3）重写 onContextItemSelected()方法，用于当菜单项被选择时，做出相应的处理。例如，当菜单项被选择时，弹出一个消息框显示被选中菜单项的标题，可使用如下代码：

```
public boolean onContextItemSelected(MenuItem item){
    Toast.makeText(MainActivity.this,item.getTitle(),Toast.LENGTH_SHORT).show();
    return true;
}
```

图 5-10 是上下文菜单的一个示例，采用菜单的形式来更改当前文本框字体大小。当长按"文本框"时，则会弹出上下文菜单，依据选择的字体大小不同，则文本框中字体大小会发生相应的变化。

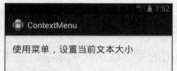
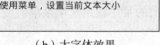

（a）默认字体效果　　　　　　（b）大字体效果　　　　　　（c）菜单内容

图 5-10　上下文菜单

如何实现上述效果，首先新建一个名为 ContextMenu 的 Android 工程，在界面上显示一个 TextView，并设置其相应的文本内容，此处不再讲述。实现菜单，首先在 res\menu 目录下打开 main.xml 的菜单资源文件，在该文件中，为其定义 4 个代表颜色的菜单项和一个恢复默认的菜单项，具体代码如下：

```
<menu xmlns:android="http://schemas.android.com/apk/res/android" >
    <item android:id="@+id/small" android:title="@string/small"/>
    <item android:id="@+id/mid" android:title="@string/mid"/>
    <item android:id="@+id/big" android:title="@string/big"/>
    <item android:id="@+id/def" android:title="@string/def"/>
</menu>
```

打开 MainActivity，在 onCreate()方法中，首先获取需要添加上下文菜单的文本框，然后为其注册上下文菜单，关键代码如下：

```
textView = (TextView)this.findViewById(R.id.show);
textView.setTextSize(12.0F);
registerForContextMenu(textView);//为文本框注册上下文菜单
```

随后重写 onCreateContextMenu（ContextMenu,ContextMenuInfo）及 onContextItemSelected（MenuItem item）方法，前者用于设置菜单的显示内容，后者用于菜单项事件触发动作。两个方法体代码分别如下：

```
//上下文菜单
public void onCreateContextMenu(ContextMenu menu,View v, ContextMenuInfo menuInfo){
    MenuInflater inflator = new MenuInflater(this);//实例化一个MenuInflater对象
    inflator.inflate(R.menu.main, menu);//解析菜单文件
    menu.setHeaderIcon(R.drawable.ic_launcher);//为菜单设置图标
    menu.setHeaderTitle("请设置字体大小: ");//为菜单头设置标题
}
public boolean onContextItemSelected(MenuItem item){
    switch(item.getItemId()) {
    case R.id.small://当选择小字号时
        textView.setTextSize(8.0F);
        break;
    case R.id.mid://当选择中字号时
        textView.setTextSize(15.0F);
        break;
    case R.id.big://当选择大字号时
        textView.setTextSize(20.0F);
        break;
    default://恢复默认设置时
        textView.setTextSize(12.0F);
    }
    return true;
}
```

### 5.3.2 选项菜单

当用户单击菜单按钮时,弹出的菜单就是选项菜单。使用菜单资源创建选项菜单的具体步骤如下。

(1)重写 Activity 中的 onCreateOptionsMenu()方法。在该方法中,首先创建一个用于解析菜单资源文件的 MenuInflater 对象,然后调用该对象的 inflate()方法解析一个菜单资源文件,并把解析后的菜单保存在 menu 中,关键代码如下:

```
public boolean onCreateOptionsMenu(Menu menu) {
    // Inflate the menu; this adds items to the action bar if it is present.
    getMenuInflater().inflate(R.menu.main, menu);
    return true;
}
```

(2)重写 onOptionsItemSelected()方法,用于当菜单项被选中时,做出的相应处理。例如,当菜单项被选中时,弹出一个消息框显示被选中菜单项的标题,关键代码如下:

```
public boolean onOptionsItemSelected(MenuItem item){
    Toast.makeText(MainActivity.this,item.getTitle(),Toast.LENGTH_SHORT).show();
    return true;
}
```

### 5.3.3 子菜单

子菜单是二级菜单,当用户点击上下文菜单或选项菜单中的菜单项就可以打开子菜单。就是将相同功能的分组进行多级显示的一种菜单,比如,Windows 中的"文件"菜单中就有"新建""打开""关闭"等子菜单。

在进行子菜单开发时需要注意通过触摸 Menu Item,调用子菜单选项。子菜单不支持嵌套,

即子菜单中不能再包括其他子菜单。

图 5-11 为选项菜单和子菜单共同实现的一个示例。点击图 5-11（a）中右上角图标时，即弹出子菜单"设置"和"新建"，如图 5-11（b）所示；当点击"设置"时，弹出如图 5-11（c）所示效果；相应地，当点击"新建"时，则弹出如图 5-11（d）所示效果。

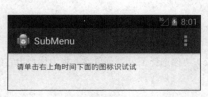

（a）初始效果

（b）点击子菜单效果

（c）点击"设置"效果

（d）点击"打印"效果

图 5-11　带子菜单的选项菜单

如何实现上述效果，首先新建一个名为 SubMenu 的 Android 工程，在界面上显示一个内容为"请单击右上角时间下面的图标识试试"的 TextView。实现菜单，首先在 res\menu 目录下新建一个名为 submenu.xml 的菜单资源文件，在该文件中，定义 2 个菜单项，并分别为每一个菜单项定义相应的子菜单。具体代码如下：

```xml
<?xml version="1.0" encoding="utf-8"?>
<menu xmlns:android="http://schemas.android.com/apk/res/android" >
 <item android:id="@+id/main_menu_0" android:title="设置">
 <menu >
   <item android:id="@+id/sub_menu_0_0" android:title="打印"/>
 </menu>
 </item>
 <item android:id="@+id/main_menu_1" android:title="新建">
 <menu >
   <item android:id="@+id/sub_menu_1_0" android:title="邮件"/>
   <item android:id="@+id/sub_menu_1_1" android:title="订阅"/>
 </menu>
 </item>
</menu>
```

注：上述代码中，加粗的代码用于创建子菜单。

在 MainActivity.java 中，重写 onCreateOptionsMenu( Menu )及 onOptionsItemSelected( MenuItem item ) 方法，前者负责创建菜单，后者用于处理菜单项选中事件。二者方法体如下：

```java
public boolean onCreateOptionsMenu(Menu menu) {
    getMenuInflater().inflate(R.menu.submenu, menu);
    return true;
}
public boolean onOptionsItemSelected(MenuItem item){
    if(item.getItemId() == R.id.main_menu_0) {//判断是否选择了"设置"菜单项
        Toast.makeText(MainActivity.this, "你选择了设置菜单项，将为你弹出它的子菜单项",Toast.LENGTH_SHORT).show();
    }
    if(item.getItemId() == R.id.main_menu_1) {//判断是否选择了"打印"菜单项
        Toast.makeText(MainActivity.this, "你选择了打印菜单项，将为你弹出它的子菜单项",Toast.LENGTH_SHORT).show();
    }
    if(item.getItemId() == R.id.sub_menu_0_0) {
        Toast.makeText(MainActivity.this, "你选择了打印功能",Toast.LENGTH_SHORT).show();
    }
    if(item.getItemId() == R.id.sub_menu_1_0) {
        Toast.makeText(MainActivity.this, "你选择了邮件功能",Toast.LENGTH_SHORT).show();
    }
    if(item.getItemId() == R.id.sub_menu_1_1) {
        Toast.makeText(MainActivity.this, "你选择了订阅功能",Toast.LENGTH_SHORT).show();
    }
    return true;
}
```

## 5.4 小结

本章主要介绍了用户界面设计中的高级部分、对话框和菜单部分，高级部分主要包括自动完成文本框、进度条、选项卡、网格视图等，读者应根据自己需求灵活选择使用并进行综合应用。对话框主要介绍了如何显示消息对话框、列表对话框等。在实际程序开发中，消息提示框和对话框较为常用，建议读者重点掌握，并能灵活运用。菜单主要讲解了如何使用菜单资源创建上下文菜单、选项菜单及子菜单，希望读者能够很好地理解并掌握。

## 习　题

1. 简述三种菜单的特点及其使用方式。
2. 编写调查问卷界面，信息包括学号、姓名、出生日期（使用日期类）、性别、院系（使用下拉列表框）、对某个老师授课是否满意、建议等。界面上使用菜单的形式提供退出和提交，当按下退出时，则整个应用程序退出；按下提交时，如果用户没有写全录入信息，则打开一个消息提示框，提示没有录入的信息；若用户所有信息录入完整，则将界面中用户录入的信息用一个 TextView 类显示出来，表示该用户填写的调查问卷结果。

# 第 6 章 数据存储

手机设备经常需要存取照片文件、视频文件、个人笔记和通信录等数据，Android 平台提供了 SharedPreferences、文件存储、SQLite 数据库等数据存储方式。SharedPreferences 适于存储应用程序的配置数据，文件存储适于存储照片、笔记等流式文件数据，SQLite 数据库适于存储通信录、个人账单等数据库数据。

Android 的各个应用程序运行在不同的进程空间，所以彼此间的数据不能共享。为了实现应用程序间的数据共享，Android 提供了 ContentProvider 机制。本章将详细介绍各种数据存储方式及 ContentProvider。

## 6.1 SharedPreferences

### 6.1.1 SharedPreferences 简介

SharedPreferences 是 Android 平台提供的一种轻量级的数据存储方式，常用于存储应用程序的配置信息，例如记录 Activity 中文本框的内容、复选框是否勾选等组件的状态。SharedPreferences 以"键-值"（Key-Value）对的方式将数据存储在 XML 文件中，利用 SharedPreferences，开发者对 XML 文件的存储访问完全是透明的，即开发者根本不用关心 XML 文件的存储格式和存储路径。

（1）创建 SharedPreferences 对象。使用 SharedPreferences 进行存储首先需要创建 SharedPreferences 对象，创建 SharedPreferences 对象的代码如下：

```
SharedPreferences settings = getSharedPreferences("settings", MODE_PRIVATE);
```

getSharedPreferences()方法定义在 android.content.Context 类中。第一个参数为 String 类型，用于指定被创建的 SharedPreferences 对象所对应的 XML 文件名，本例中指定为 settings，即 XML 的文件名为 settings.xml。第二个参数为 int 类型，用于指定 XML 文件的操作模式，可分别指定为 MODE_PRIVATE、MODE_WORLD_READABLE 和 MODE_WORLD_WRITEABLE 三个常量，具体说明如表 6-1 所示。

表 6-1　　　　　　　　　　　SharedPreferences 的操作模式

| 操作模式 | 说明 |
| --- | --- |
| MODE_PRIVATE | 只有应用自身有读写 XML 文件的权限 |
| MODE_WORLD_READABLE | 其他应用有读 XML 文件的权限 |
| MODE_WORLD_WRITEABLE | 其他应用有写 XML 文件的权限 |

（2）写入数据。通过创建的 SharedPreferences 对象 settings，写入数据的代码如下。

```
settings.edit()
    .putString("email", email)
    .putString("password", password)
    .putBoolean("checked", true)
    .commit();
```

settings.edit()返回一个 SharedPreferences.Editor 对象，该对象分别提供了与 boolean、float、int、long 和 String 类型相关的存储"键-值"对的 put 方法。最后的 commit()方法将其前多个的"键-值"对提交存储在了 XML 文件中。

（3）读取数据。通过创建的 SharedPreferences 对象 settings，读取数据的代码如下。

```
String email = settings.getString("email", "");
String password = settings.getString("password", "");
boolean checked = settings.getBoolean("checked", false);
```

SharedPreferences 对象 settings 有针对性地分别提供了与 boolean、float、int、long 和 String 类型相关的读取"键-值"对的 get 方法。当指定的"键"不存在时，第二个参数指定了相应的缺省值。

## 6.1.2　SharedPreferences 示例

本节通过项目 LoginDemo1 具体讲解 SharedPreferences 存储方式的具体应用，项目 LoginDemo1 的用户界面如图 6-1 所示。

项目 LoginDemo1 实现了登录应用中常见的"记住账户和密码"功能，在"记住账户和密码"复选框被勾选的前提下，当输入账户为 abc@example.com，密码为 123 时单击登录按钮，应用将利用 SharedPreferences 将账户和密码存储在 XML 文件中。用户下次进入登录界面时，应用将利用 SharedPreferences 从 XML 文件中读取账户和密码，并自动填充在相应的文本框中。当取消"记住账户和密码"复选框的勾选后，用户下次再进入登录界面，账户和密码文本框将为空白，不会被填充先前登录过的账户和密码。

图 6-1　项目 LoginDemo1 的用户界面

项目 LoginDemo1 的主要实现代码如下所示，LoginActivity 类实现了对账户和密码的记录、填充、取消填充 3 个功能。

```java
public class LoginActivity extends Activity {
    private SharedPreferences settings;
    private EditText emailEdit;
    private EditText passwordEdit;
    private CheckBox rememberCheck;

    @Override
    protected void onCreate(Bundle savedInstanceState) {
        super.onCreate(savedInstanceState);
        setContentView(R.layout.activity_login);

        emailEdit = (EditText)findViewById(R.id.email);
        passwordEdit = (EditText)findViewById(R.id.password);
        rememberCheck = (CheckBox)findViewById(R.id.remember_check);
```

```java
            settings= getSharedPreferences("settings", MODE_PRIVATE);
            boolean checkedPref = settings.getBoolean("checked", false);
            if(checkedPref){
                rememberCheck.setChecked(true);
                String emailPref = settings.getString("email", "");
                String passwordPref = settings.getString("password", "");
                emailEdit.setText(emailPref);
                passwordEdit.setText(passwordPref);
            }
            Button loginButton = (Button)findViewById(R.id.login_button);
            loginButton.setOnClickListener(new OnClickListener(){

                @Override
                public void onClick(View view) {
                    String email = emailEdit.getText().toString();
                    String password = passwordEdit.getText().toString();
                    String text = "Login Fails!";
                    if("abc@example.com".equals(email) && "123".equals(password)){
                        text = "Login Success!";
                        if(rememberCheck.isChecked()){
                            settings.edit()
                                    .putString("email", email)
                                    .putString("password", password)
                                    .putBoolean("checked", true)
                                    .commit();
                        }
                    }
                    Toast.makeText(LoginActivity.this, text, Toast.LENGTH_SHORT).show();
                }

            });

            rememberCheck.setOnClickListener(new OnClickListener(){

                @Override
                public void onClick(View v) {
                    if(!rememberCheck.isChecked()){
                        settings.edit()
                                .putBoolean("checked", false)
                                .commit();
                    }
                }
            });
        }
```

记录账户和密码的功能在登录按钮 loginButton 的单击事件方法 onClick()中实现，该方法判断账户为 abc@examle.com、密码为 123 时（即账户和密码合法），如果"记住账户和密码"复选框 rememberCheck 被选中，则将账户、密码及复选框的状态利用 SharedPreferences 写入到 settings.xml 文件中。

填充账户文本框、密码文本框的功能在 getSharedPreferences()方法之后实现，先从 settings.xml 文件中读取"记住账户和密码"的设置状态，如果设置状态为 true，则自动勾选用户界面中对应的复选框，同时再从 settings.xml 文件读取账户和密码的记录值填充在对应的文本框中。

取消填充的功能在复选框 rememberCheck 的单击事件 onClick()中实现，当不需要记录账户和密码时，即取消"记住账户和密码"复选框的勾选时，将 settings.xml 文件中的 checked 键的值设定为 false，则下次进入登录界面，填充账户文本框、密码文本框的功能将不会被执行。

通过 DDMS 透视图的 File Explorer 视图，可以查看实现 SharedPreferences 机制的 settings.xml 文件存储位置（见图 6-2），因为项目 LoginDemo1 的包名为 com.example，所以该 XML 文件的绝对路径为\data\data\com.example\shared_prefs\settings.xml。利用 File Explorer 视图的"导出文件"功能，将 settings.xml 文件导出到本地计算机，可以浏览到 settings.xml 文件的格式如下，从中可以看出 SharedPreferences 是以 Map 集合的结构存储数据。

```xml
<?xml version='1.0' encoding='utf-8' standalone='yes' ?>
<map>
<string name="email">abc@example.com</string>
<string name="password">123</string>
<boolean name="checked" value="true" />
</map>
```

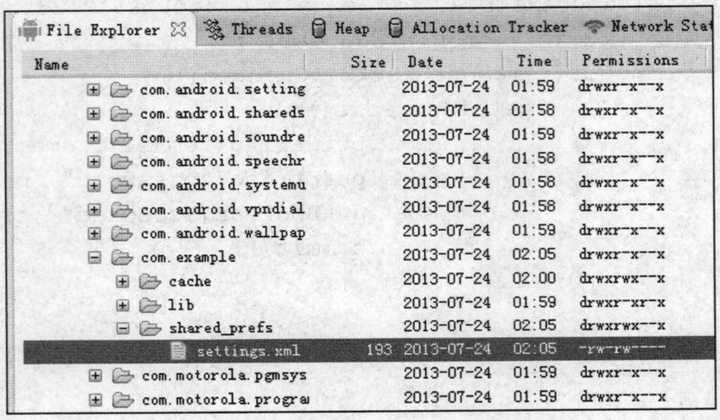

图 6-2 SharedPreferences 文件的存储位置

## 6.2 文件存储

Android 文件系统基于 Linux 的文件系统构建，所以 Android 平台提供了文件存储的数据存储方式，文件格式使用的是流式文件结构。根据文件是存放在内部存储器还是外部 SD 卡（Secure Digital Memory Card），文件存储又可分为内部存储和外部存储。

### 6.2.1 内部存储简介

内部存储即文件存储在手机的内部存储器上，因此内部存储适合于存储容量不大且由单个应用独享的数据信息。使用内部存储，文件的存储路径对开发者是透明的。

（1）写入数据。利用内部存储写入数据的代码如下。

```
FileOutputStream output = openFileOutput("settings.txt", MODE_PRIVATE);
String text = "Hello World";
output.write(text.getBytes());
output.close();
```

从以上代码可以看出，openFileOutput()方法创建了一个输出流对象，该方法定义在 android.content.Context 类中，第一个参数为 String 类型，用于指定被写入的文件名，本例中指定文件名为 settings.txt。第二个参数为 int 类型,用于指定文件的操作模式,可分别指定为 MODE_PRIVATE、MODE_APPEND、MODE_WORLD_READABLE 和 MODE_WORLD_WRITEABLE 四个常量,具体说明如表 6-2 所示。

表 6-2　　　　　　　　　　　　　　内部存储的操作模式

| 操作模式 | 说明 |
| --- | --- |
| MODE_PRIVATE | 只有应用自身有读写文件的权限,覆盖写模式 |
| MODE_APPEND | 只有应用自身有读写文件的权限,追加写模式 |
| MODE_WORLD_READABLE | 其他应用有读文件的权限 |
| MODE_WORLD_WRITEABLE | 其他应用有写文件的权限 |

(2)读取数据。利用内部存储写读取数据的代码如下。

```
FileInputStream input = openFileInput("settings.txt");
byte[] buffer = new byte[input.available()];
while(input.read(buffer)!=-1){ }
String text = new String(buffer);
```

从以上代码可以看出,openFileInput()方法创建了一个输入流对象,该方法定义在 android.content.Context 类中,String 类型的参数用于指定被读取的文件名,本例中指定文件名为 settings.txt。从以上两部分代码可以看出,除了创建输出流和输入流的代码外,Android 平台上实现 I/O 的 Java 代码与 PC 上的代码是一致的。

## 6.2.2　内部存储示例

本节通过项目 LoginDemo2 具体讲解内部存储方式的具体应用,项目 LoginDemo2 实现了与 LoginDemo1 同样的"记住账户和密码"功能,但 LoginDemo2 采用了内部存储方式,其实现内部存储的文件名为 settings.txt,因为项目 LoginDemo2 的包名为 com.example,所以该文件的绝对路径为\data\data\com.example\files\settings.txt,settings.txt 文件的格式如下。

```
email=abc@example.com
password=123
checked=true
```

项目 LoginDemo2 的主要实现代码如下所示。LoginActivity 类实现了对账户和密码的记录、填充、取消填充 3 个功能。

```
public class LoginActivity extends Activity {
    private EditText emailEdit;
    private EditText passwordEdit;
    private CheckBox rememberCheck;

    @Override
    protected void onCreate(Bundle savedInstanceState) {
        super.onCreate(savedInstanceState);
        setContentView(R.layout.activity_login);

        emailEdit = (EditText)findViewById(R.id.email);
        passwordEdit = (EditText)findViewById(R.id.password);
        rememberCheck = (CheckBox)findViewById(R.id.remember_check);

        Map<String,String> settings = read();
        boolean checkedPref = Boolean.parseBoolean(settings.get("checked"));
```

```java
            if(checkedPref){
                rememberCheck.setChecked(true);
                String emailPref = settings.get("email");
                String passwordPref = settings.get("password");
                emailEdit.setText(emailPref);
                passwordEdit.setText(passwordPref);
            }

        Button loginButton = (Button)findViewById(R.id.login_button);
        loginButton.setOnClickListener(new OnClickListener(){

            @Override
            public void onClick(View view) {
                String email = emailEdit.getText().toString();
                String password = passwordEdit.getText().toString();
                String text = "Login Fails!";
                if("abc@example.com".equals(email) && "123".equals(password)){
                    text = "Login Success!";
                    if(rememberCheck.isChecked()){
                        String settings = "email="+email+"\npassword="+password+"\nchecked=true";
                        write(settings);
                    }
                }
                Toast.makeText(LoginActivity.this, text, Toast.LENGTH_SHORT).show();
            }

        });

        rememberCheck.setOnClickListener(new OnClickListener(){

            @Override
            public void onClick(View v) {
                if(!rememberCheck.isChecked()){
                    String settings = "checked=false";
                    write(settings);
                }
            }

        });

    }

    private void write(String settings){
        FileOutputStream output = null;
        try {
            output = openFileOutput("settings.txt", MODE_PRIVATE);
            output.write(settings.getBytes());
        } catch (FileNotFoundException e) {
            e.printStackTrace();
        } catch (IOException e) {
            e.printStackTrace();
        }finally{
            try {
                if(output!=null)
                    output.close();
```

```java
            } catch (IOException e) {
                e.printStackTrace();
            }
        }
    }

    private Map<String,String> read(){
        Map<String,String> settings = new HashMap<String,String>();
        FileInputStream input = null;
        byte[] buffer = null;
        try {
            input = openFileInput("settings.txt");
            buffer = new byte[input.available()];
            while(input.read(buffer)!=-1);

            String[] lines = new String(buffer).split("\n");
            for(String line : lines){
                String[] text = line.split("=");
                settings.put(text[0], text[1]);
            }
        } catch (FileNotFoundException e) {
            Log.d("LoginDemo2", "FileNotFound");
        } catch (IOException e) {
            e.printStackTrace();
        }finally{
            try {
                if(input!=null)
                    input.close();
            } catch (IOException e) {
                e.printStackTrace();
            }
        }
        return settings;
    }
}
```

为了便于文件的读写，LoginActivity 类中分别定义了 read()方法和 write()方法。read()方法将字符串参数写入到文件 settings.txt，字符串内容是以 "=" 连接键与值的多个 "键-值" 对，"键-值" 对间依靠换行符 "\n" 分割。writer()方法将 settings.txt 文件中存储的 "键-值" 对读出，并存放在了 Map 集合中作为返回值。

在实现文件读写的基础上，实现账户和密码的记录、填充、取消填充功能的代码与项目 LoginDemo1 类似。相对于 SharedPreferences，文件存储的文件格式对开发者是不透明的，这就使得代码相对复杂，但正因如此，开发者可在存储上获得更多的灵活性。

## 6.2.3 外部存储简介

外部存储即将文件存储在手机的 SD 卡上，适合于存储容量较大且为多个应用共享的数据信息，例如拍照生成的照片文件、网络上的下载文件等。

（1）写入数据。在 SD 卡上创建文件并写入数据之前，首先需要在项目的 AndroidManifest.xml 文件中加入以下标签。

```
<uses-permission android:name="android.permission.WRITE_EXTERNAL_STORAGE"/>
```

该标签用于请求对 SD 卡的写权限，如果没有设置该标签，应用程序将会抛出 FileNotFound

Exception 异常。利用外部存储写入数据的代码如下。

```
String path = Environment.getExternalStorageDirectory().getAbsolutePath();
FileOutputStream output = new FileOutputStream(path+"/settings.txt");
String text = "Hello World";
output.write(text.getBytes());
output.close();
```

代码 Environment.getExternalStorageDirectory().getAbsolutePath()的返回值为/mnt/sccard，也就是 SD 卡的绝对路径，因此 settings.txt 文件的绝对路径为/mnt/sccard/settings.txt。

（2）读取数据。利用外部存储写读取数据的代码如下。

```
String path = Environment.getExternalStorageDirectory().getAbsolutePath();
FileInputStream input = new FileInputStream(path+"/settings.txt");
byte[] buffer = new byte[input.available()];
while(input.read(buffer)!=-1){ }
String text = new String(buffer);
```

从以上两部分代码可以看出，除了获取 SD 卡绝对路径的代码外，Android 平台上实现 I/O 的 Java 代码与 PC 上的代码是一致的。

### 6.2.4　外部存储示例

本节通过项目 LoginDemo3 讲解外部存储方式的具体应用，项目 LoginDemo3 实现了与 LoginDemo1 同样的"记住账户和密码"功能，但 LoginDemo3 采用了外部存储方式，其实现外部存储的文件名为 settings.txt，该文件的绝对路径为\mnt\sdcard\settings.txt，settings.txt 文件的格式如下。

```
email=abc@example.com
password=123
checked=true
```

项目 LoginDemo3 的主要实现代码如下所示。LoginActivity 类实现了对账户和密码的记录、填充、取消填充 3 个功能。

```
public class LoginActivity extends Activity {
    private EditText emailEdit;
    private EditText passwordEdit;
    private CheckBox rememberCheck;
    private String path;

    @Override
    protected void onCreate(Bundle savedInstanceState) {
        super.onCreate(savedInstanceState);
        setContentView(R.layout.activity_login);

        emailEdit = (EditText)findViewById(R.id.email);
        passwordEdit = (EditText)findViewById(R.id.password);
        rememberCheck = (CheckBox)findViewById(R.id.remember_check);

        path = Environment.getExternalStorageDirectory().getAbsolutePath();
        Map<String,String> settings = read();
        boolean checkedPref = Boolean.parseBoolean(settings.get("checked"));
        if(checkedPref){
            rememberCheck.setChecked(true);
            String emailPref = settings.get("email");
            String passwordPref = settings.get("password");
            emailEdit.setText(emailPref);
```

```java
                passwordEdit.setText(passwordPref);
            }

            Button loginButton = (Button)findViewById(R.id.login_button);
            loginButton.setOnClickListener(new OnClickListener(){

                @Override
                public void onClick(View view) {
                    String email = emailEdit.getText().toString();
                    String password = passwordEdit.getText().toString();
                    String text = "Login Fails!";
                    if("abc@example.com".equals(email) && "123".equals(password)){
                        text = "Login Success!";
                        if(rememberCheck.isChecked()){
                            String settings = "email="+email+"\npassword="+password+"\nchecked=true";
                            write(settings);
                        }
                    }
                    Toast.makeText(LoginActivity.this, text, Toast.LENGTH_SHORT).show();
                }

            });

            rememberCheck.setOnClickListener(new OnClickListener(){

                @Override
                public void onClick(View v) {
                    if (!Environment.getExternalStorageState().equals(Environment.MEDIA_MOUNTED)) {
                        rememberCheck.setChecked(false);
                        Toast.makeText(LoginActivity.this, "SD卡没有加载! ", Toast.LENGTH_SHORT).show();
                    }
                    if(!rememberCheck.isChecked()){
                        String settings = "checked=false";
                        write(settings);
                    }
                }

            });

        }

        private void write(String settings){
            FileOutputStream output = null;
            try {
                output = new FileOutputStream(path+"/settings.txt");
                output.write(settings.getBytes());
            } catch (FileNotFoundException e) {
                e.printStackTrace();
            } catch (IOException e) {
                e.printStackTrace();
            }finally{
                try {
                    if(output!=null)
```

```java
                    output.close();
                } catch (IOException e) {
                    e.printStackTrace();
                }
            }
        }

        private Map<String,String> read(){
            Map<String,String> settings = new HashMap<String,String>();
            FileInputStream input = null;
            byte[] buffer = null;
            try {
                input = new FileInputStream(path+"/settings.txt");
                buffer = new byte[input.available()];
                while(input.read(buffer)!=-1);

                String[] lines = new String(buffer).split("\n");
                for(String line : lines){
                    String[] text = line.split("=");
                    settings.put(text[0], text[1]);
                }
            } catch (FileNotFoundException e) {
                Log.d("LoginDemo3", "FileNotFound");
            } catch (IOException e) {
                e.printStackTrace();
            }finally{
                try {
                    if(input!=null)
                        input.close();
                } catch (IOException e) {
                    e.printStackTrace();
                }
            }
            return settings;
        }
    }
```

将以上代码与项目 LoginDemo2 的实现代码进行对比，会发现外部存储代码与内部存储代码的区别在于文件路径的设定上。在复选框 rememberCheck 的单击事件方法 onClick()中，代码 Environment.getExternalStorageState().equals（Environment.MEDIA_MOUNTED）返回值为 boolean 类型，即检测 SD 卡是否加载，在使用外部存储进行文件存取之前，务必要执行该段代码以确认 SD 卡已加载。

## 6.3 SQLite 存储

### 6.3.1 SQLite 数据库

SQLite 是 Android 平台上集成的一个嵌入式关系数据库。SQLite 是 D.Richard Hipp 在 2000 年用 C 语言开发的一个开源的小型关系数据库，具有体积小、速度快、零配置、系统开销小的优点，因此常被应用于嵌入式系统中。相对于传统关系数据库系统，轻量级的 SQLite 数据库具有以下特点。

（1）零配置。使用 SQLite 无须安装、配置，无须用进程来启动、停止，无须管理员创建数据库或分配用户权限，在系统崩溃或掉电后会自动恢复。

（2）精简性。SQLite 的全部源代码约 3 万行，编译后生成的库文件约 225KB。

（3）支持标准 SQL。SQLite 提供了丰富的数据库接口，支持多表、索引、事务、视图和触发器等 ANSI SQL92 标准，数据库最大容量为 2TB。

（4）无服务器进程。传统数据库的数据库引擎是作为一个单独的服务器进程被执行，访问数据库的程序需使用进程通信机制（如 TCP/IP）与服务器通信，以向服务器发送请求或接收查询结果集。SQLite 无须独立运行服务器进程，访问数据库的程序直接调用相应 API 即可对磁盘上的数据库文件进行数据存取。

（5）访问简单。每个数据库是一个单独的普通磁盘文件，能够被放置在任何路径层次，即应用程序只要能读写数据库文件，也就可访问数据库。

（6）弱数据类型。可以保存任何类型的数据到任何表的任何列中，无论该列声明的数据类型是什么，虽然创建表时声明了每个列的数据类型，但实际存放时 SQLite 并不检查。开发者需靠自己的程序来控制写入与读出数据的类型，但当主键为整型值时，插入一个非整型值会产生异常。

SQLite 支持的数据类型有 NULL、INTEGER、REAL、TEXT 和 BLOB 五种，但也能接受 varchar（n）、char（n）、decimal（p,s）等数据类型，只不过是在保存时转换成了对应的五种数据类型。

## 6.3.2 建立数据库（SQLiteOpenHelper）

为 Android 应用程序建立数据库需要用到辅助类 SQLiteOpenHelper，SQLiteOpenHelper 是一个抽象类，位于 android.database.sqlite 包下，主要用于创建和打开数据库，该类中的主要方法如表 6-3 所示。

表 6-3    SQLiteOpenHelper 类中的主要方法

| 方法 | 说明 |
| --- | --- |
| public SQLiteOpenHelper (Context context, String name, SQLiteDatabase.CursorFactory factory, int version） | 构造方法，参数 name 指定数据库文件名，参数 version 指定数据库版本号 |
| public abstract void onCreate(SQLiteDatabase db） | 创建数据库时被调用，通常在该方法中创建数据库表以及添加应用使用到的初始数据 |
| public abstract void onUpgrade (SQLiteDatabase db, int oldVersion, int newVersion） | 软件升级时修改数据库，通常在该方法中更新数据库表的结构 |
| public SQLiteDatabase getWritableDatabase() | 创建/打开数据库，用返回的 SQLiteDatabase 对象可对数据库读写 |
| public SQLiteDatabase getReadableDatabase() | 创建/打开数据库，用返回的 SQLiteDatabase 对象只能对数据库读 |

在 Android 应用中实现数据库的增删改查操作，主要靠执行 SQLiteDatabase 对象的相关方法来完成，而 SQLiteDatabase 对象的创建通常依靠调用 SQLiteOpenHelper 对象的 getWritableDatabase()方法。在执行 getWritableDatabase()方法时，如果数据库尚未建立，则调用 onCreate()方法以建立数据库，如果数据库已经建立，则只需打开数据库即可。SQLiteOpenHelper 类的构造方法并没有执行创建数据库的工作，所以其很快即可返回。

以下代码演示了如何继承 SQLiteOpenHelper 类以实现数据库的建立、打开和关闭。

```java
public class DBConnection {
    public static final String DATABASE_NAME = "addressbook.db";   //数据库文件名
    public static final int DATABASE_VERSION = 1;   //数据库版本号
    //建表语句
    private static final String DATABASE_CREATE = "CREATE TABLE contact ("
            +"_id integer primary key autoincrement,"
            +"name text,"
            +"phone text,"
            +"email text,"
            +"street text,"
            +"city text);";
    //打开数据库
    public static SQLiteDatabase open(Context context){
        return new DBOpenHelper(context).getWritableDatabase();
    }
    //关闭数据库
    public static void close(SQLiteDatabase db) {
        if (db!= null){
            db.close();
        }
    }

    private static class DBOpenHelper extends SQLiteOpenHelper{
        public DBOpenHelper(Context context) {
            super(context, DATABASE_NAME, null, DATABASE_VERSION);
        }
        //建立数据库
        @Override
        public void onCreate(SQLiteDatabase db) {
            db.execSQL(DATABASE_CREATE);
        }
        //建立新版本的数据库
        @Override
        public void onUpgrade(SQLiteDatabase db, int oldVersion, int newVersion) {
            db.execSQL("DROP TABLE IF EXISTS contact");
            onCreate(db);
        }
    }
}
```

从以上代码可以看出，类 DBConnection 的内部类 DBOpenHelper 继承了辅助类 SQLiteOpenHelper，在内部类 DBOpenHelper 中实现了构造方法 DBOpenHelper()，覆盖了抽象方法 onCreate()和 onUpgrade()。在构造方法 DBOpenHelper()中调用了父类 SQLiteOpenHelper 的构造方法是为了设定数据库的文件名和版本号。方法 onCreate()在建立数据库时会被调用，在该方法中通过调用 SQLiteDatabase 对象的 execSQL()方法执行 SQL 建表语句以建立表 contact。而当常量 DATABASE_VERSION 代表的数据库版本号变更时，onUpgrade()方法会被调用以建立新版本的数据库。开发者不应直接调用方法 onCreate()和 onUpgrade()，在调用 SQLiteOpenHelper 的方法 getWritableDatabase()或 getReadableDatabase()时，会依据环境间接地调用到 onCreate()和 onUpgrade()。

因为代码中指定数据库文件名为 addressbook.db，应用项目又定义在 com.example.addressbook 包下，所以数据库文件的绝对路径为/data/data/com.example.addressbook/databases/addressbook.db。

## 6.3.3 操作数据库（SQLiteDatabase）

在 Android 应用中实现数据库的增删改查操作主要依靠执行类 SQLiteDatabase 中的相关方法，SQLiteDatabase 代表了应用程序中的数据库对象，其位于 android.database.sqlite 包下，该类中的主要方法如表 6-4 所示。

表 6-4　　　　　　　　　　　SQLiteDatabase 类中的主要方法

| 方法 | 说明 |
| --- | --- |
| public long insert (String table, String nullColumnHack, ContentValues values) | 增加记录 |
| public int delete (String table, String whereClause, String[] whereArgs) | 删除记录 |
| public int update (String table, ContentValues values, String whereClause, String[] whereArgs) | 修改记录 |
| public Cursor query (String table, String[] columns, String selection, String[] selectionArgs, String groupBy, String having, String orderBy) | 查询记录 |
| public void execSQL (String sql, Object[] bindArgs) | 执行非查询功能的 SQL 语句 |
| public Cursor rawQuery (String sql, String[] selectionArgs) | 执行查询功能的 SQL 语句 |
| public void close() | 关闭数据库 |

接下来分别举例对类 SQLiteDatabase 中的主要方法的使用进行说明，这些例子中用到了存储通信录的表 contact，该表的建表语句如下：

```
CREATE TABLE contact(_id integer primary key autoincrement,
name text,
phone text,
email text,
street text,
city text);
```

另外例子中还用到了实体类 Contact，实现该类的代码如下（略去了取值和设值方法）。

```
public class Contact {
    private long id;
    private String name;
    private String phone;
    private String email;
    private String street;
    private String city;
}
```

（1）增加记录。向 contact 表中增加一条记录的代码如下所示，代码中用到了类 ContentValues，类 ContentValues 位于 android.content 包下，其以集合 Map 的形式封装了一条记录的"列名-列值"对。欲增加的记录需按照"列名-列值"对的方式添加到 ContentValues 对象中，然后再交由 insert() 方法处理。

```
public void insert(Contact contact){
        ContentValues values = new ContentValues();
        values.put("name", contact.getName());
        values.put("phone", contact.getPhone());
        values.put("email", contact.getEmail());
        values.put("street", contact.getStreet());
        values.put("city", contact.getCity());
```

```
            db.insert("contact", null, values);
    }
```

insert()方法的第三个参数 values 为 ContentValues 对象，代表了要插入的记录，第一个参数"contact"指定了被插入记录的表名。第二个参数主要应对 values 为 null 或 values.size()<1 时的情况，此时为了避免插入错误，就需用第二个参数指定一个列名，插入时将根据该列构造 SQL 语句并将该列的值设为 null，例如，db.insert("contact","name",null)生成的 SQL 语句为 insert into contact (name) values (null)。

（2）删除记录。依据关键字_id 从 contact 表中删除一条记录的代码如下所示，第一个参数是数据表名，第二个参数是删除条件，第三个参数设置删除条件中"？"位置处对应的实际值。

```
    public void delete(long id){
            db.delete("contact", "_id=?" , new String[]{Long.toString(id)});
    }
```

（3）修改记录。依据关键字_id 修改 contact 表中记录的代码如下所示。代码中用到了类 ContentValues，欲修改的记录需按照"列名-列值"对的方式添加到 ContentValues 对象中，然后再交由 update()方法处理。

```
    public void update(Contact contact){
        ContentValues values = new ContentValues();
        values.put("name", contact.getName());
        values.put("phone", contact.getPhone());
        values.put("email", contact.getEmail());
        values.put("street", contact.getStreet());
        values.put("city", contact.getCity());

        db.update("contact", values, "_id="+contact.getId(), null);
    }
```

update()方法中的第一个参数是数据表名，第二个参数 values 为 ContentValues 对象，代表了要修改的记录值，第三个参数是修改条件，第四个参数用于设置修改条件中"？"位置处对应的实际值，上面代码中修改条件中的条件值已经直接指定，所以此处设定为 null。

（4）查询记录。

类 SQLiteDatabase 中查询记录的方法 query()的声明如下所示。

```
    public Cursor query (String table, String[] columns, String selection, String[] selectionArgs, String groupBy, String having, String orderBy)
```

该方法共有 7 个参数，表 6-5 给出每个参数的说明。

表 6-5 query()方法的参数

| 参数 | 说明 |
| --- | --- |
| String table | 数据表名 |
| String[] columns | 需返回列的列名，为 null 时将返回所有列 |
| String selection | 查询条件 |
| String[] selectionArgs | 设置查询条件中"？"占位符对应的实际值 |
| String groupBy | 分组方式 |
| String having | 对应于分组方式的过滤条件 |
| String orderBy | 排序方式 |

query()方法返回的结果集封装在 Cursor 对象中,其类在 android.database 包下,该类中的主要方法如表 6-6 所示。

表 6-6　　　　　　　　　　　　　　　Cursor 类中的主要方法

| 方法 | 说明 |
| --- | --- |
| public abstract boolean moveToFirst() | 将指针移到第一条记录 |
| public abstract boolean moveToLast() | 将指针移到最后一条记录 |
| public abstract boolean moveToNext() | 将指针移到下一条记录 |
| public abstract boolean moveToPrevious() | 将指针移到上一条记录 |
| public abstract int getCount() | 获取结果集中的记录数 |
| public abstract int getColumnIndex (String columnName） | 根据列名获取该列在表中的索引,索引从 0 开始 |
| public abstract int getInt(int columnIndex） | 按 int 类型返回指定列索引处的列值 |
| public abstract int getString(int columnIndex） | 按 String 类型返回指定列索引处的列值 |

调用方法 query(),依据关键字_id 从 contact 表中获取 Contact 对象的代码如下所示。

```
public Contact findById(long id){
    Contact contact = new Contact();
    Cursor cursor = db.query("contact", null, "_id="+id, null, null, null, null);
    if(cursor.moveToNext()){
        contact.setId(cursor.getLong(0));
        contact.setName(cursor.getString(cursor.getColumnIndex("name")));
        contact.setPhone(cursor.getString(cursor.getColumnIndex("phone")));
        contact.setEmail(cursor.getString(cursor.getColumnIndex("email")));
        contact.setStreet(cursor.getString(cursor.getColumnIndex("street")));
        contact.setCity(cursor.getString(cursor.getColumnIndex("city")));
    }
    cursor.close();
    return contact;
}
```

Cursor 中的指针初始是停在第一条记录之前的,因此在以上代码中 cursor.moveToNext()使指针指向了第一条记录且返回值为 true。当 Cursor 的指针指向最后一条记录之后时,moveToNext()方法的返回值为 false。利用 Cursor 对象根据列名获取列值,通常有固定的调用模式,例如获取列名 name 的列值的代码为 cursor.getString（cursor.getColumnIndex（"name"））。因为关键字_id 位于第一列,所以获取_id 值的代码为 cursor.getLong（0）。Cursor 对象不再使用时,要注意调用 close()方法及时关闭。

```
public Cursor findAll(){
    return db.query("contact", new String[]{"_id", "name"}, null, null, null, null, "name");
}
```

以上代码用于返回 contact 表中的所有记录,第一个参数是数据表名,第二个参数指定只需返回_id 和 name 列,最后一个参数指定按 name 字段排序。

（5）执行 SQL 语句。类 SQLiteDatabase 中提供的方法 insert()、delete()、update()和 query()适合于不熟悉 SQL 语言的开发者。如果开发者较为熟悉 SQL 语言,使用方法 execSQL()和 rawQuery()操作数据库反而更为方便。方法 execSQL()用于执行 INSERT/UPDATE/DELETE 等修改类的 SQL 语句,方法 rawQuery()用于执行 SELECT 等查询类的 SQL 语句。直接用 SQL 语句实现同样的"增删改查"功能的例子代码如下。

```java
public void insert(Contact contact){
    db.execSQL("insert into contact(name, phone, email, street, city) values(?,?,?,?,?)",
                new Object[]{contact.getName(),
                             contact.getPhone(),
                             contact.getEmail(),
                             contact.getStreet(),
                             contact.getCity()});
}

public void delete(long id){
    db.execSQL("delete from contact where _id="+id);
}

public void update(Contact contact){
    db.execSQL("update contact set name=?,phone=?,email=?,street=?,city=? where _id=?",
                new Object[]{contact.getName(),
                             contact.getPhone(),
                             contact.getEmail(),
                             contact.getStreet(),
                             contact.getCity(),
                             contact.getId()});
}

public Contact findById(long id){
    Contact contact = new Contact();
    Cursor cursor = db.rawQuery("select * from contact where _id=?", new String[]{Long.toString(id)});
    if(cursor.moveToNext()){
        contact.setId(cursor.getLong(0));
        contact.setName(cursor.getString(cursor.getColumnIndex("name")));
        contact.setPhone(cursor.getString(cursor.getColumnIndex("phone")));
        contact.setEmail(cursor.getString(cursor.getColumnIndex("email")));
        contact.setStreet(cursor.getString(cursor.getColumnIndex("street")));
        contact.setCity(cursor.getString(cursor.getColumnIndex("city")));
    }
    cursor.close();
    return contact;
}

public Cursor findAll(){
    return db.rawQuery("select _id, name from contact order by name", null);
}
```

### 6.3.4　SQLite 应用——通信录

本节以通信录应用为例，讲解在实际的 Android 应用中如何进行数据库开发。该通信录应用位于项目 AddressBook 中，如图 6-3 所示，应用主界面按字典顺序显示联系人姓名，在姓名上单击即可显示该联系人的详细信息。添加联系人的操作如图 6-4 所示，单击主界面上的选项菜单并选择"添加"菜单即进入添加界面，在添加界面按提示在文本框输入联系人详细信息后，单击"保存"按钮就完成添加功能。修改联系人的操作如图 6-5 左图所示，在联系人详细信息界面中可任意修改文本框的内容,最后单击"保存"按钮即可保存修改。删除联系人的操作如图 6-5 右图所示,在联系人详细信息界面中,单击选项菜单并选择"删除"菜单即可删除该联系人。

图 6-3  通信录主界面与联系人详细信息

图 6-4  添加联系人

图 6-5  修改联系人与删除联系人

在了解通信录应用的功能之后,接下来讲解通信录项目 AddressBook 的目录结构。如图 6-6 所示,项目 AddressBook 主要用到了实体类 Contact,数据库访问类 ContactDao、ContactProvider 和 DBConnection,界面类 AddEditActivity 和 MainActivity。除了类 ContactProvider 将在下节介绍外,类 Contact、ContactDao 和 DBConnection 已分别在前面的"建立数据库"和"操作数据库"小节介绍过。因此接下来着重讲解主界面类 MainActivity 和修改界面类 AddEditActivity。

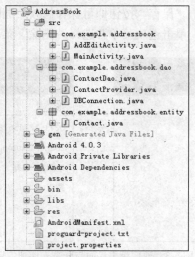

图 6-6 项目 AddressBook 的目录结构

（1）主界面类 MainActivity。类 MainActivity 是 ListActivity 的子类，作为通信录应用的主界面，该类以滚动列表显示联系人的姓名，其实现代码如下所示。

```java
public class MainActivity extends ListActivity {
    private static SQLiteDatabase db;
    private ContactDao contactDao;
    private SimpleCursorAdapter contactAdapter;

    @Override
    protected void onCreate(Bundle savedInstanceState) {
    super.onCreate(savedInstanceState);

    db = DBConnection.open(this);   //打开数据库
    contactDao = new ContactDao(db);

    String[] from = new String[]{"name"};   //指定显示 Cursor 中的 name 列
    int[] to = new int[]{android.R.id.text1};   //指定显示 name 列的视图
    contactAdapter = new SimpleCursorAdapter(this, android.R.layout.simple_list_item_1, null, from, to, 0);
    setListAdapter(contactAdapter);

    ListView contactListView = getListView();
    contactListView.setOnItemClickListener(new OnItemClickListener(){

        @Override
        public void onItemClick(AdapterView<?> partent, View view, int position, long id)
{
            Intent viewContact = new Intent(MainActivity.this, AddEditActivity.class);
            viewContact.putExtra("rowId", id);
            startActivity(viewContact);
        }

    });
    }

    @Override
    protected void onResume() {
```

```java
        super.onResume();
        Cursor cursor = contactDao.findAll();
        contactAdapter.changeCursor(cursor);
    }

    @Override
    protected void onStop() {
        //关闭 contactAdapter 中的 Cursor
        contactAdapter.changeCursor(null);
        super.onStop();
    }

    @Override
    protected void onDestroy() {
        DBConnection.close(db);   //关闭数据库
        super.onDestroy();
    }

    @Override
    public boolean onOptionsItemSelected(MenuItem item) {
        Intent addContact = new Intent(MainActivity.this, AddEditActivity.class);
        startActivity(addContact);
        return super.onOptionsItemSelected(item);
    }

    public static SQLiteDatabase getDatabase(){
        return db;
    }
}
```

在类 MainActivity 的 onCreate()方法中，首先调用方法 DBConnection.open()打开了数据库，即获得了 SQLiteDatbase 类的对象 db，然后调用方法 setListAdapter()为类 MainActivity（ListActivity 的子类）设置适配器，最后实现了类 MainActivity 中 ListView 的事件处理方法 onItemClick()，即类 MainActivity 中的姓名列表条目被单击时，将跳转到修改界面类 AddEditActivity，在跳转时还传递了该姓名在数据库中的关键字_id。使用 CursorAdapter 类及其子类时，为其设定的 Cursor 中必须包含_id 列，否则会抛出以下异常。

```
java.lang.IllegalArgumentException: column '_id' does not exist
```

在 onResume()方法中为 ListView 的适配器 contactAdapter 设置了 Cursor，即获取数据库中所有联系人的姓名。在 onStop()方法中将适配器 contactAdapter 的 Cursor 设置为 null，即应用跳转到其他界面时，就将适配器中的 Cursor 对象关闭。在 onDestroy()方法中定义了应用被销毁前才关闭数据库。在 onOptionsItemSelected()方法中定义了"添加"选项菜单被选中时，将跳转到修改界面类 AddEditActivity。

（2）修改界面类 AddEditActivity。因为本节的重点在于讲解数据库开发，所以对项目 AddressBook 中的界面做了简化，也就是"增删改"操作全在修改界面类 AddEditActivity 中实现，类 AddEditActivity 的代码如下所示。

```java
public class AddEditActivity extends Activity {
    private ContactDao contactDao;
    private EditText nameEditText;
    private EditText phoneEditText;
    private EditText emailEditText;
```

```java
        private EditText streetEditText;
        private EditText cityEditText;
        private long rowId;

        @Override
        protected void onCreate(Bundle savedInstanceState) {
            super.onCreate(savedInstanceState);
            setContentView(R.layout.activity_add_edit);

            contactDao = new ContactDao(MainActivity.getDatabase());

            nameEditText = (EditText) findViewById(R.id.nameEditText);
            emailEditText = (EditText) findViewById(R.id.emailEditText);
            phoneEditText = (EditText) findViewById(R.id.phoneEditText);
            streetEditText = (EditText) findViewById(R.id.streetEditText);
            cityEditText = (EditText) findViewById(R.id.cityEditText);
            Button saveButton = (Button)findViewById(R.id.saveContactButton);

            Bundle extras = getIntent().getExtras();
            if(extras!=null){
                rowId = extras.getLong("rowId");
                Contact contact = contactDao.findById(rowId);
                nameEditText.setText(contact.getName());
                phoneEditText.setText(contact.getPhone());
                emailEditText.setText(contact.getEmail());
                streetEditText.setText(contact.getStreet());
                cityEditText.setText(contact.getCity());
            }

            saveButton.setOnClickListener(new OnClickListener(){

                @Override
                public void onClick(View arg0) {
                    String message = "保存成功! ";
                    if (nameEditText.getText().length()!=0){
                        saveContact();
                    }else{
                        message = "姓名不能为空! ";
                    }
                    AlertDialog.Builder builder = new AlertDialog.Builder(AddEditActivity.this);
                    builder.setTitle("AddressBook");
                    builder.setMessage(message);
                    builder.setPositiveButton("确定", null);
                    builder.show();
                }

            });
        }

        @Override
        public boolean onCreateOptionsMenu(Menu menu) {
            getMenuInflater().inflate(R.menu.edit, menu);
            //在添加界面中不显示"删除"菜单
    if (getIntent().getExtras()==null){
```

```java
            return false;
        }else{
            return true;
        }
    }

    @Override
    public boolean onOptionsItemSelected(MenuItem item) {
        deleteContact();
        return super.onOptionsItemSelected(item);
    }

    private void saveContact() {
        Contact contact = new Contact();
        contact.setName(nameEditText.getText().toString());
        contact.setPhone(phoneEditText.getText().toString());
        contact.setEmail(emailEditText.getText().toString());
        contact.setStreet(streetEditText.getText().toString());
        contact.setCity(cityEditText.getText().toString());
        if (getIntent().getExtras()==null){
            contactDao.insert(contact);
        }else{
            contact.setId(rowId);
            contactDao.update(contact);
        }
    }

    private void deleteContact(){
        AlertDialog.Builder builder = new AlertDialog.Builder(AddEditActivity.this);
        builder.setTitle("AddressBook");
        builder.setMessage("确认要删除吗? ");

        builder.setPositiveButton("删除", new DialogInterface.OnClickListener() {
            @Override
            public void onClick(DialogInterface dialog, int button) {
                contactDao.delete(rowId);
                finish();   //返回只主界面
            }
        });
        builder.setNegativeButton("取消", null);
        builder.show();
    }
}
```

增加界面与修改、删除界面的区别在于跳至修改、删除界面时，各文本框需从数据库获取值并填充，而跳至增加界面时，各文本框内容为空。另外，单击姓名列表条目跳至修改、删除界面时，通过 Intent 的 Extra 传递了一个变量 "rowId"，所以 Extra 不为空；而单击添加菜单跳至添加界面时，没有通过 Intent 的 Extra 传递任何值，所以其 Extra 为空。通过 Intent 的 Extra 传递的变量 "rowId" 非常重要，因为其值就是欲处理记录的关键字_id，联系人详细信息的显示、修改和删除操作的执行都必须依据该值实现。

在 onCreate()方法中，首先判断 Intent 的 Extra 是否为空。若不为空则说明此时处理的是修改或删除界面，因此需根据 Extra 中的变量 rowId，从数据库获取值并填充至文本框。接下来实现了"保存"按钮的 onClick()事件方法，在该方法中依据姓名文本框是否为空来决定是否调用方法

saveContact()执行保存，然后弹出对话框告知用户操作结果。

在 onCreateOptionsMenu()方法中设定了在添加界面中不显示"删除按钮"。在 onOptionsItemSelected()方法中定义了"删除"菜单被单击时，调用方法 deleteContact()执行删除。在 saveContact()方法中依据 Extra 是否为空，实际定义了添加和修改两种操作。在 deleteContact()方法中，首先弹出确认对话框，用户单击确定按钮确认后，才执行数据库删除。

## 6.4　ContentProvider

首先，开发者务必要清楚 Android 平台为什么要提供 ContentProvider，然后才能正确地决定在什么情况下使用 ContentProvider。因为 Android 中的每个应用都运行在自己的进程空间中，所以彼此间不能进行数据访问，为了实现应用间的数据共享，Android 提供了 ContentProvider 机制。因此只有一个应用决定向其他应用共享自己的内部数据时，才需要用到 ContentProvider，如果相关数据只有本应用才会访问，则仅需用 SharedPreferences、文件或 SQLite 数据库等存储方式实现。

### 6.4.1　ContentProvider 简介

可以认为 ContentProvider 是一种数据访问机制，它向外部提供了访问应用内部数据的接口。但 ContentProvider 本质上是一种数据封装机制，它封装了一个应用的内部数据以向其他应用共享，该机制自身仍需具体的数据访问机制（如 SQLite 或文件）实现数据存储。封装使得数据具体的存储方式对外部应用是透明的，即无论采取何种方式存储数据以及将来存储方式如何变化，外部应用访问 ContentProvider 数据的接口都是一样的、不变的。

Android 平台中有着大量的内置 ContentProvider，如通话记录应用就提供了 ContentProvider，因此其他应用可方便地访问手机系统上的通话记录。接下来介绍如何访问手机系统上的通话记录，即如何访问 ContentProvider，读者对使用 ContentProvider 有了直观的认识后，再在下节讲解如何实现 ContentProvider。访问 ContentProvider 需要用到类 ContentResolver，即开发者需通过 ContentResolver 间接地访问 ContentProvider。类 ContentResolver 位于 android.content 包下，其主要方法如表 6-7 所示。

表 6-7　　　　　　　　　　　ContentResolver 类中的主要方法

| 方法 | 说明 |
| --- | --- |
| public final Uri insert (Uri uri, ContentValues values ) | 增加数据 |
| public final int delete (Uri uri, String where, String[] whereArgs ) | 删除数据 |
| public final int update (Uri uri, ContentValues values, String where, String[] whereArgs ) | 修改数据 |
| public final Cursor query(Uri uri, String[] projection, String selection, String[] selectionArgs, String sortOrder ) | 查询数据 |

将表 6-7 与表 6-4 中 SQLiteDatabase 的方法进行对比就可看出，除了方法的第一个参数，两个类的增删改查方法的声明基本相同。类 SQLiteDatabase 的方法第一个参数用于指定数据表名，而类 ContentResolver 的方法的第一个参数为 Uri 类型，其指定要访问哪个 ContentProvider 的哪个表的哪条记录。例如下面的 URI。

```
Uri uri = Uri.parse(content://call_log/calls/7)  //访问通话记录中 id 值为 7 的记录
Cursor cursor = contentResolver.query(uri, null, null, null, null);
Uri uri2 = Uri.parse(content: //call_log/calls)  //访问通话记录中的所有记录
Cursor cursor = contentResolver.query(uri2, null, null, null, null);
```

以上面的第一个 URI 为例,URI 必须以"content://"开头,表示该 URI 用于定位 ContentProvider 资源,接下来的"call_log"是授权(类似于域名,具有唯一性),指定了要访问的 ContentProvider,其后的"calls"指定了要访问的数据表,最后的"7"指定了要访问的记录的 id。第二个 URI 中没有指定 id 值,则代表访问通话记录中的所有记录。ContentResolver 负责根据 URI 在 Android 系统中定位具体的 ContentProvider。

## 6.4.2 构建 ContentProvider

本节通过实例讲解如何构建 ContentProvider,以向外部应用共享 Android 应用的内部数据。构建 ContentProvider 需继承抽象类 ContentProvider,抽象类 ContentProvider 位于 android.content 包下,其中的主要方法如表 6-8 所示,继承抽象类 ContentProvider 即实现表 6-8 中的 6 个抽象方法。

表 6-8  ContentProvider 类中的主要方法

| 方法 | 说明 |
| --- | --- |
| public abstract Uri insert (Uri uri, ContentValues values) | 增加数据 |
| public abstract int delete (Uri uri, String selection, String[] selectionArgs) | 删除数据 |
| public abstract int update (Uri uri, ContentValues values, String selection, String[] selectionArgs) | 修改数据 |
| public abstract Cursor query (Uri uri, String[] projection, String selection, String[] selectionArgs, String sortOrder) | 查询数据 |
| public abstract String getType (Uri uri) | 返回参数 uri 的 MIME 类型 |
| public abstract boolean onCreate () | 创建 ContentProvider 时被调用 |

将表 6-8 与表 6-7 中 ContentResolver 的方法进行对比就可看出,两个类的增删改查方法的声明完全相同。接下来以项目 AddressBook 中的类 ContactProvider 为例讲解 ContentProvider 的具体实现,类 ContactProvider 的代码如下所示。

```
public class ContactProvider extends ContentProvider {
    private static final String AUTHORITY = "com.example.addressbook.ContactProvider";

    private static final Uri CONTENT_URI = Uri.parse("content://" + AUTHORITY + "/contacts");
    private static final String CONTENT_TYPE = "vnd.android.cursor.dir/vnd.addressbook.contact";
    private static final String CONTENT_ITEM_TYPE = "vnd.android.cursor.item/vnd.addressbook.contact";

    private static final int CONTACT_COLLECTION = 1;
    private static final int SINGLE_CONTACT = 2;
    private static final UriMatcher uriMatcher;
    static {
        // UriMatcher.NO_MATCH 表示无匹配项时的返回值
uriMatcher = new UriMatcher(UriMatcher.NO_MATCH);
```

```java
        //3个参数分别为欲匹配URI的授权、欲匹配URI的数据路径、URI匹配时的返回值
uriMatcher.addURI(AUTHORITY, "contacts", CONTACT_COLLECTION);
        uriMatcher.addURI(AUTHORITY, "contacts/#", SINGLE_CONTACT);    //#为数字通配符
    }

    private SQLiteDatabase db;

    @Override
    public String getType(Uri uri) {
        switch (uriMatcher.match(uri)) {
        case CONTACT_COLLECTION:
            return CONTENT_TYPE;
        case SINGLE_CONTACT:
            return CONTENT_ITEM_TYPE;
        default:
            throw new IllegalArgumentException("不支持的URI: " + uri);
        }
    }

    @Override
    public Uri insert(Uri uri, ContentValues initialValues) {
        if (uriMatcher.match(uri)!= CONTACT_COLLECTION) {
            throw new IllegalArgumentException("不支持的URI: " + uri);
        }

        ContentValues values;
        if (initialValues != null) {
            values = new ContentValues(initialValues);
        } else {
            values = new ContentValues();
        }

        if (values.containsKey("name") == false) {
            throw new SQLException("姓名不能为空! " + uri);
        }

        long rowId = db.insert("contact", null, values);
        if (rowId > 0) {
            Uri insertUri = ContentUris.withAppendedId(CONTENT_URI, rowId);
            getContext().getContentResolver().notifyChange(insertUri, null);
            return insertUri;
        }else{
            throw new SQLException("添加失败! " + uri);
        }
    }

    @Override
    public int delete(Uri uri, String selection, String[] selectionArgs) {
        int count;
        switch (uriMatcher.match(uri)) {
        case CONTACT_COLLECTION:
            count = db.delete("contact", selection, selectionArgs);
            break;
```

```java
        case SINGLE_CONTACT:
            String rowId = uri.getPathSegments().get(1);  //获取参数uri中的id值
            count = db.delete("contact", "_id=" + rowId, selectionArgs);
            break;
        default:
            throw new IllegalArgumentException("不支持的URI: " + uri);
        }

        getContext().getContentResolver().notifyChange(uri, null);
        return count;
    }

    @Override
    public int update(Uri uri, ContentValues values, String selection, String[] selectionArgs) {
        int count;
        switch (uriMatcher.match(uri)) {
        case CONTACT_COLLECTION:
            count = db.update("contact", values, selection, selectionArgs);
            break;
        case SINGLE_CONTACT:
            String rowId = uri.getPathSegments().get(1);
            count = db.update("contact", values, "_id=" + rowId, selectionArgs);
            break;
        default:
            throw new IllegalArgumentException("不支持的URI: " + uri);
        }

        getContext().getContentResolver().notifyChange(uri, null);
        return count;
    }

    @Override
    public Cursor query(Uri uri, String[] projection, String selection, String[] selectionArgs, String sortOrder) {
        SQLiteQueryBuilder qb = new SQLiteQueryBuilder();
        qb.setTables("contact");

        switch (uriMatcher.match(uri)) {
        case CONTACT_COLLECTION:
            break;
        case SINGLE_CONTACT:
            qb.appendWhere("_id=" + uri.getPathSegments().get(1));
            break;
        default:
            throw new IllegalArgumentException("不支持的URI: " + uri);
        }

        String orderBy;
        if (TextUtils.isEmpty(sortOrder)) {
            orderBy = "_id";
        } else {
            orderBy = sortOrder;
        }
```

```
            Cursor c = qb.query(db, projection, selection, selectionArgs, null, null,
orderBy);

            c.setNotificationUri(getContext().getContentResolver(), uri);
            return c;
    }

        @Override
        public boolean onCreate() {   //初始化成功返回 true
            db = DBConnection.open(this.getContext());
            return (db == null) ? false : true;
        }
}
```

从以上代码可以看出，类 ContactProvider 以 ContentProvider 的形式，向外部应用提供了对项目 AddressBook 中通信录数据的访问。常量 CONTENT_URI 定义了 ContactProvider 的授权为 com.example.addressbook.ContactProvider，ContentProvider 中的授权类似于 Internet 域名，Internet 域名唯一地标识了 Internet 上的一台主机，而 ContentProvider 授权唯一地标识了 Android 系统中的一个 ContentProvider，访问项目 AddressBook 中通信录数据的 URI 如下所示。

```
//访问通信录中的所有记录
content://com.example.addressbook.ContactProvider/contacts
//访问通信录中 id 值为 7 的记录
content://com.example.addressbook.ContactProvider/contacts/7
```

以上两种 URI 对应的 MIME 类型分别如下所示。

```
vnd.android.cursor.dir/vnd.addressbook.contact    //uri 参数代表多条联系人记录
vnd.android.cursor.item/vnd.addressbook.contact   //uri 参数代表一条联系人记录
```

方法 getType()返回了 uri 参数所指定的数据的 MIME 类型，就像浏览器可根据 MIME 类型选择合适的查看程序一样，访问者可据此选择合适的方式处理 ContentProvider 数据。在以上的 MIME 类型中，"vnd.android.cursor.dir" 和 "vnd.android.cursor.item" 分别代表 uri 参数指定了"多条记录"和 "一条记录"，其写法格式是 Android 系统规定的。而 "vnd.addressbook.contact" 指定了 uri 参数要访问 "联系人" 数据，除了开始的 "vnd." 以外，其后的 "addressbook.contact" 写法格式是由用户自定义的。

ContentProvider 本质上只是一种数据封装机制，其自身仍需具体的数据访问机制实现数据存储。因此类 ContactProvider 将具体的数据库访问操作交由类 SQLiteDatabase 实现。在 insert()方法中插入数据并不需要提供 "id 值"，所以其 uri 参数应为常量 CONTACT_COLLECTION 指定的多条记录的格式，insert()方法的返回值为指向新插入记录的 URI，该 URI 的最后部分即为新插入记录的 id。

方法 delete()和 update()根据参数 uri 指定的是 CONTACT_COLLECTION（多条记录）格式还是 SINGLE_CONTACT（单条记录）格式，分别对多条记录和单条记录进行处理。

方法 query()利用了 android.database.sqlite 包中的类 SQLiteQueryBuilder 构造了具体的 SQL 查询。方法 query()最后调用了 Cursor 对象的 setNotificationUri()方法，当根据参数 uri 查询到的数据被其他线程改变时，此 Cursor 结果集中的数据能被自动及时更新。在 insert()、delete()和 update()方法中调用方法 setNotificationUri()即为通知 uri 参数指定的数据已更改。

为了使类 ContactProvider 实现的 ContentProvider 对其他外部应用可见，还应在文件 AndroidManifest.xml 的标签<application>中加入以下内容以注册 ContentProvider。其中属性

android:name 指定了实现 ContentProvider 的类的全路径，属性 android:authorities 指定了 ContentProvider 的授权。

```
<provider android:name="com.example.addressbook.dao.ContactProvider"
    android:authorities="com.example.addressbook.ContactProvider"/>
```

### 6.4.3　ContentProvider 应用——通信录 2

本节讲解如何访问上节实现的 ContentProvider，为此建立一个新的通信录项目 AddressBook2，项目的功能、界面与项目 AddressBook 完全一样，但该项目中通过访问项目 AddressBook 中的 ContactProvider 实现联系人的存储。如图 6-7 所示，项目 AddressBook2 只用到界面类 AddEditActivity 和 MainActivity，因为数据存储操作均交由项目 AddressBook 中的 ContentProvider 完成，所以在项目 AddressBook2 中未用到任何数据访问类。接下来讲解主界面类 MainActivity 和修改界面类 AddEditActivity。

（1）主界面类 MainActivity。类 MainActivity 中实现了针对 ContentProvider 的"查询"操作，将该类与项目 AddressBook 中的类 MainActivity 进行对比就会发现，在代码上两者基本一致，但项目 AddressBook 依靠数据访问类 ContactDao 实现数据存储，而项目 AddressBook2 依靠类 ContentResolver 访问 ContentProvider 实现数据存储。获取

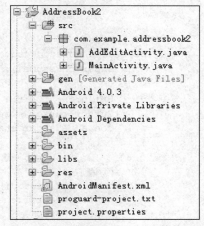

图 6-7　项目 AddressBook2 的目录结构

ContentResolver 对象只需在 Activity 中调用方法 getContentResolver()即可，方法 getContentResolver() 定义在 Activity 的父类 Context 中。获取 ContentResolver 对象后，再通过设定相应的 URI 参数即可访问 Android 系统中特定的 ContentProvider。

```
public class MainActivity extends ListActivity {
    private static final String AUTHORITY = "com.example.addressbook.ContactProvider";
    public static final Uri CONTENT_URI = Uri.parse("content://" + AUTHORITY + "/contacts");
    private ContentResolver resolver;
    
    private SimpleCursorAdapter contactAdapter;
    
    @Override
    protected void onCreate(Bundle savedInstanceState) {
        super.onCreate(savedInstanceState);
        
        //获取 ContentResolver 对象
        resolver = getContentResolver();
        
        String[] from = new String[]{"name"};
        int[] to = new int[]{android.R.id.text1};
        contactAdapter = new SimpleCursorAdapter(this, android.R.layout.simple_list_item_1, null, from, to, 0);
        setListAdapter(contactAdapter);
        
        ListView contactListView = getListView();
        contactListView.setOnItemClickListener(new OnItemClickListener(){
```

```java
            @Override
            public void onItemClick(AdapterView<?> partent, View view, int position, long id) {
                Intent viewContact = new Intent(MainActivity.this, AddEditActivity.class);
                viewContact.putExtra("rowId", id);
                startActivity(viewContact);
            }

        });
    }

    @Override
    protected void onResume() {
        super.onResume();

        Uri uri = CONTENT_URI;
        Cursor cursor = resolver.query(uri, null, null, null, "name");
        contactAdapter.changeCursor(cursor);
    }

    @Override
    protected void onStop() {
        contactAdapter.changeCursor(null);
        super.onStop();
    }

    @Override
    public boolean onOptionsItemSelected(MenuItem item) {
        Intent addContact = new Intent(MainActivity.this, AddEditActivity.class);
        startActivity(addContact);
        return super.onOptionsItemSelected(item);
    }
}
```

（2）修改界面类 AddEditActivity。类 AddEditActivity 的代码如下所示，该类中实现了针对 ContentProvider 的"增删改"操作。除了"增删改"操作，其代码与项目 AddressBook 中的类 AddEditActivity 基本一致。

```java
public class AddEditActivity extends Activity {
    private ContentResolver resolver;
    private EditText nameEditText;
    private EditText phoneEditText;
    private EditText emailEditText;
    private EditText streetEditText;
    private EditText cityEditText;
    private long rowId;

    @Override
    protected void onCreate(Bundle savedInstanceState) {
        super.onCreate(savedInstanceState);
        setContentView(R.layout.activity_add_edit);

        resolver = getContentResolver();

        nameEditText = (EditText) findViewById(R.id.nameEditText);
```

```java
            emailEditText = (EditText) findViewById(R.id.emailEditText);
            phoneEditText = (EditText) findViewById(R.id.phoneEditText);
            streetEditText = (EditText) findViewById(R.id.streetEditText);
            cityEditText = (EditText) findViewById(R.id.cityEditText);
            Button saveButton = (Button)findViewById(R.id.saveContactButton);
            
            Bundle extras = getIntent().getExtras();
            if(extras!=null){
                rowId = extras.getLong("rowId");
                Uri uri = Uri.withAppendedPath(MainActivity.CONTENT_URI, Long.toString(rowId));
                Cursor cursor = resolver.query(uri, null, null, null, null);
                if(cursor.moveToNext()){
    nameEditText.setText(cursor.getString(cursor.getColumnIndex("name")));

    phoneEditText.setText(cursor.getString(cursor.getColumnIndex("phone")));

    emailEditText.setText(cursor.getString(cursor.getColumnIndex("email")));

    streetEditText.setText(cursor.getString(cursor.getColumnIndex ("street")));
                    cityEditText.setText(cursor.getString(cursor.getColumnIndex("city")));
                }
                cursor.close();
            }
            
            saveButton.setOnClickListener(new OnClickListener(){
                
                @Override
                public void onClick(View arg0) {
                    String message = "保存成功！";
                    if (nameEditText.getText().length()!=0){
                        saveContact();
                    }else{
                        message = "姓名不能为空！";
                    }
                    AlertDialog.Builder builder = new AlertDialog.Builder(AddEdit
Activity.this);
                    builder.setTitle("AddressBook");
                    builder.setMessage(message);
                    builder.setPositiveButton("确定", null);
                    builder.show();
                }
                
            });
        }
        
        @Override
        public boolean onCreateOptionsMenu(Menu menu) {
            getMenuInflater().inflate(R.menu.edit, menu);
            if (getIntent().getExtras()==null){
                return false;
            }else{
                return true;
            }
        }
        
        @Override
        public boolean onOptionsItemSelected(MenuItem item) {
```

```java
            deleteContact();
            return super.onOptionsItemSelected(item);
    }

    private void saveContact() {
        ContentValues values = new ContentValues();
        values.put("name", nameEditText.getText().toString());
        values.put("phone", phoneEditText.getText().toString());
        values.put("email", emailEditText.getText().toString());
        values.put("street", streetEditText.getText().toString());
        values.put("city", cityEditText.getText().toString());
        if (getIntent().getExtras()==null){
            Uri uri = MainActivity.CONTENT_URI;
            resolver.insert(uri, values);
        }else{
            Uri uri = Uri.withAppendedPath(MainActivity.CONTENT_URI, Long.toString(rowId));
            resolver.update(uri, values, null, null);
        }
    }

    private void deleteContact(){
        AlertDialog.Builder builder = new AlertDialog.Builder(AddEditActivity.this);
        builder.setTitle("AddressBook");
        builder.setMessage("确认要删除吗？ ");

        builder.setPositiveButton("删除", new DialogInterface.OnClickListener() {
            @Override
            public void onClick(DialogInterface dialog, int button) {
                Uri uri = Uri.withAppendedPath(MainActivity.CONTENT_URI, Long.toString(rowId));
                resolver.delete(uri, null, null);
                finish();
            }
        });
        builder.setNegativeButton("取消", null);
        builder.show();
    }
}
```

尽管项目 AddressBook2 与项目 AddressBook 的功能、界面完全相同，但两者实现数据访问的方式却不同。通过对比两者的代码，读者应该从代码的角度更深刻地理解如何访问 SQLite 数据库和 ContentProvider，但读者更应该理解 SQLite 数据库和 ContentProvider 之间的关系及各自的应用场合。

# 6.5 小结

本章主要介绍了 Android 系统下的 SharedPreferences、文件、SQLite 数据库等存储机制，除了要掌握这些存储机制的基本原理和编程方法外，最重要的是要理解每种机制的应用场合。对于 ContentProvider，除了理解其原理外，最重要的是掌握其访问方法，因为 Android 系统中的通信录、通话记录、短信记录等内容都是依靠 ContentProvider 来向外提供访问服务的。

## 习 题

1. 使用 SharedPreferences 实现一个应用，在该应用中可输入用户的姓名、电话号码、电子邮箱和地址等信息，当应用关闭并再启动后，用户仍可读取以前设置的数据。
2. 用 Android 的内部文件存储重新实现第 1 题的应用。
3. 简述 SQLite 数据库相对于 Oracle 或 MySQL 数据库的优点。
4. 利用 SQLite 数据库实现个人成绩管理系统，以对自己大学所学的各门课程的成绩和学分进行登记及维护。
5. 在第 4 题的基础上加入 ContentProvider 机制，并利用 ContentResolver 进行访问验证。

# 第 7 章

# BroadcastReceiver 与 Service

Android 平台有四大组件，分别是 Activity、Service、BroadcastReceiver 和 ContentProvider。BroadcastReceiver 和 Service 通常运行于后台且没有用户界面，BroadcastReceiver 主要用于处理系统广播或应用广播的消息，而 Service 主要用于在后台处理耗时的任务。本章将分别讲解 BroadcastReceiver 和 Service 的工作原理及其应用场合。

## 7.1 BroadcastReceiver

### 7.1.1 BroadcastReceiver 简介

BroadcastReceiver 从字面上理解就是广播接收器，其主要用于监听和响应系统或应用发出的广播消息，广播消息实际上就是一个 Intent 对象，该 Intent 对象中携带的最重要的内容是广播 Action。Android 平台自身定义了很多广播 Action 以代表特定的系统事件，当这些广播 Action 所代表的事件在系统中发生时，Android 平台就会广播携带这些 Action 的 Intent，开发者可以实现自定义的 BroadcastReceiver，以响应和处理这些 Action。广播 Action 依靠字符串常量来描述，常见的广播 Action 如表 7-1 所示。

表 7-1　　　　　　　　　　　　常见的广播 Action

| 常量名 | 常量值 | 说明 |
| --- | --- | --- |
| ACTION_BOOT_COMPLETED | android.intent.action.BOOT_COMPLETED | 系统启动完成 |
| ACTION_PHONE_STATE_CHANGED | android.intent.action.PHONE_STATE | 电话状态改变 |
| ACTION_BATTERY_LOW | android.intent.action.BATTERY_LOW | 电池电量低 |
| ACTION_SCREEN_OFF | android.intent.action.SCREEN_OFF | 屏幕变暗关闭 |
| ACTION_SCREEN_ON | android.intent.action.SCREEN_ON | 屏幕唤醒打开 |

### 7.1.2 BroadcastReceiver 应用——开机自启动应用

本节通过处理系统启动完成广播（ACTION_BOOT_COMPLETED）为例，实现一个开机自启动的 Android 应用，同时讲解如何实现一个 BroadcastReceiver 去响应系统的广播消息。该示例应用的项目名称为 AutoStartDemo，将该应用发布到 Android 手机上后，每次重新启动 Android 手机，该应用都会自动启动，启动后的用户界面如图 7-1 所示。

图 7-1　项目 AutoStartDemo 的界面

项目 AutoStartDemo 中实现开机自启动的类 BootReceiver 的主要代码如下。

```
public class BootReceiver extends BroadcastReceiver {

    @Override
    public void onReceive(Context context, Intent intent) {
        Intent i = new Intent(context, MainActivity.class);
        i.addFlags(Intent.FLAG_ACTIVITY_NEW_TASK);
        context.startActivity(i);
    }
}
```

实现一个广播接收器需继承抽象类 BroadcastReceiver（位于 android.content 包下）并重写其方法 onReceive()。BootReceiver 类继承了抽象类 BroadcastReceiver 并重写了其方法 onReceive()，在方法 onReceive()中通过 Content 对象启动了 MainActivity，MainActivity 的运行界面如图 7-1 所示。如何保证在 Android 手机启动完成后，BootReceiver 类的方法 onReceive()被自动执行呢？这就需要在项目 AutoStartDemo 的 AndroidManifest.xml 文件的<application>标签中加入如下内容。

```
<receiver android:name=".BootReceiver">
<intent-filter>
        <action android:name="android.intent.action.BOOT_COMPLETED"/>
    </intent-filter>
</receiver>
```

<receiver>标签中的属性 android:name 向系统中注册了一个广播接收器类 BootReceiver，<action>标签中的属性 android:name 指定了广播接收器 BootReceiver 所关注的广播 Action 为 android.intent.action.BOOT_COMPLETED。Android 手机启动完成后会广播该 Action，因为有了以上的注册过程，广播接收器 BootReceiver 就会收到该广播并执行方法 onReceive()。最后还需在 AndroidManifest.xml 文件中加入以下标签以获得接收启动完成的权限。

```
<uses-permission android:name="android.permission.RECEIVE_BOOT_COMPLETED" />
```

### 7.1.3　发送和接收广播

上节演示了如何响应和处理系统发出的广播消息，其实开发者可以自己定义广播消息并进行广播，同时还可以实现一个 BroadcastReceiver 在同一个应用或另一个应用去响应该广播消息。本节首先通过项目 BroadcastSenderDemo 讲解如何自定义广播消息并进行广播，然后再通过另一项目 BroadcastReceiverDemo 讲解如何去响应该广播消息。将项目 BroadcastSenderDemo 和 BroadcastReceiverDemo 发布到 Android 手机上后，首先打开项目 BroadcastSenderDemo，其界面如图 7-2 所示。

在项目 BroadcastSenderDemo 的文本框中输入"Hello Android!"并单击"Send"按钮，该文本框的内容就会被广播，项目 BroadcastReceiverDemo 将会接收到该广播，然后用 Toast 显示广播所传递的内容"Hello Android!"，其界面如图 7-3 所示。

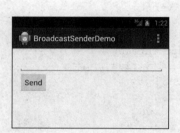

图 7-2 项目 BroadcastSenderDemo 的界面

图 7-3 显示广播消息的界面

项目 BroadcastSenderDemo 中发送自定义广播的代码如下所示。

```java
public class MainActivity extends Activity {
    EditText messageEdit;

    @Override
    protected void onCreate(Bundle savedInstanceState) {
        super.onCreate(savedInstanceState);
        setContentView(R.layout.activity_main);

        messageEdit = (EditText)findViewById(R.id.messageEdit);
        Button sendButton = (Button)findViewById(R.id.sendButton);
        sendButton.setOnClickListener(new OnClickListener(){

            @Override
            public void onClick(View view) {
                String message = messageEdit.getText().toString();
                Intent intent = new Intent();
                intent.setAction("com.example.action.ACTION_MY_MESSAGE");
                intent.putExtra("message", message);
                sendBroadcast(intent);
            }

        });
    }
}
```

在方法 onClick()中，首先获取文本框的输入内容并存入字符串变量 message 中，然后新建了一个 Intent 对象，并设置自定义的字符串 com.example.action.ACTION_MY_MESSAGE 作为广播 Action，接下来设置了 message 作为 Intent 对象的附加信息，最后调用类 Activity 的方法 sendBroadcast()

将 intent 对象广播出去。从以上代码可以看出广播消息就是一个 Intent 对象，广播 Action 全局唯一地标识了广播消息所属的类型，同时广播消息还可携带附加信息。

项目 BroadcastReceiverDemo 响应处理 com.example.action.ACTION_MY_MESSAGE 广播的主要代码如下。

```java
public class MessageReceiver extends BroadcastReceiver {
    @Override
    public void onReceive(Context context, Intent intent) {
            String message = intent.getStringExtra("message");
            Toast.makeText(context, message, Toast.LENGTH_LONG).show();
    }
}
```

因为实现了抽象类 BroadcastReceiver，类 MessageReceiver 就是一个广播接收器，方法 onReceive() 从参数 intent（即广播消息）获取到附加信息并用 Toast 显示了出来。

当广播 com.example.action.ACTION_MY_MESSAGE 被发出以后，为了保证广播接收器 MessageReceiver 能够响应该广播，即方法 onReceive() 被及时调用，需要在项目 BroadcastReceiverDemo 的 AndroidManifest.xml 文件的 <application> 标签中加入如下内容。

```xml
<receiver android:name="com.example.receiver.MessageReceiver">
<intent-filter>
        <action android:name="com.example.action.ACTION_MY_MESSAGE"/>
    </intent-filter>
</receiver>
```

<receiver> 标签中的属性 android:name 向系统中注册了一个广播接收器类 MessageReceiver，<action> 标签中的属性 android:name 指定了广播接收器 MessageReceiver 所关注的广播 Action 为 com.example.action.ACTION_MY_MESSAGE，其与广播 Intent 中的 Action 相一致。当广播被发出后，系统会依据注册信息触发相应的广播接收器的 onReceive() 方法。

## 7.1.4 BroadcastReceiver 应用——来电归属地显示

本节通过项目 IncomingCallManager 讲解如何在 Android 手机上实现显示来电归属地的功能，项目中依靠广播接收器对来电进行拦截显示，该广播接收器用于接收电话状态改变广播（android.intent.action.PHONE_STATE）。首先将项目 IncomingCallManager 部署到 Android 手机上，然后还需将项目所依赖的 SQLite 数据库文件 address.db，通过 File Explorer 视图的 Push 功能（如图 7-4 所示）上传到 Android 手机的 /data/data/com.example.incomingcallmanager/files 目录。

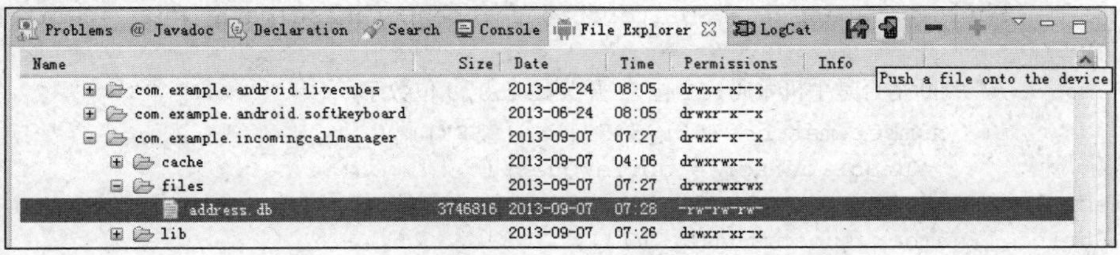

图 7-4　通过 File Explorer 视图上传数据库文件

当有新的来电呼入时，项目 IncomingCallManager 中的广播接收器会自动被触发，并用 Toast 显示来电的归属地，其运行界面如图 7-5 所示。

项目 IncomingCallManager 用到了 SQLite 数据库，在 SQLite 数据库 address.db 中有两个表 data1 和 data2，这两个表中的数据如图 7-6 所示。

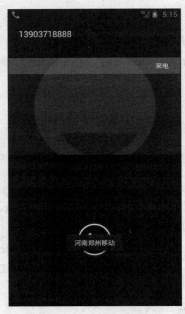

图 7-5　项目 IncomingCallManager 显示来电归属地的界面

| id | outkey |
|---|---|
| 1300000 | 272 |
| 1300001 | 496 |
| 1300002 | 209 |
| 1300006 | 487 |
| 1300008 | 695 |
| 1300010 | 91 |
| 1300011 | 91 |
| 1300012 | 185 |
| 1300013 | 185 |
| 1300014 | 185 |
| 1300015 | 278 |
| 1300016 | 287 |
| 1300017 | 272 |
| 1300018 | 185 |
| 1300019 | 185 |
| 1300020 | 3 |
| 1300021 | 3 |
| 1300022 | 3 |
| 1300023 | 3 |
| 1300024 | 3 |

| id | location | area |
|---|---|---|
| 1 | 上海电信 | 21 |
| 2 | 上海移动 | 21 |
| 3 | 上海联通 | 21 |
| 4 | 云南临沧电信 | 883 |
| 5 | 云南临沧移动 | 883 |
| 6 | 云南临沧联通 | 883 |
| 7 | 云南丽江电信 | 888 |
| 8 | 云南丽江移动 | 888 |
| 9 | 云南丽江联通 | 888 |
| 10 | 云南保山电信 | 875 |
| 11 | 云南保山移动 | 875 |
| 12 | 云南保山联通 | 875 |
| 13 | 云南大理电信 | 872 |
| 14 | 云南大理移动 | 872 |
| 15 | 云南大理联通 | 872 |
| 16 | 云南德宏电信 | 692 |
| 17 | 云南德宏移动 | 692 |
| 18 | 云南德宏联通 | 692 |
| 19 | 云南怒江电信 | 886 |
| 20 | 云南怒江移动 | 886 |

图 7-6　表 data1 和表 data2 中的数据

表 data1 有两个字段 id 和 outkey，id 字段为 integer 类型，用于存储手机号码的前八位，这前八位决定了手机卡的归属地和运营商。outkey 字段为 varchar 类型，通过表 data2 的字段 area 与表 data2 建立关联，以从表 data2 中的 location 字段获取归属地数据。表 data2 中有三个字段 id、location 和 area，id 字段为关键字，location 字段为 varchar 类型，存储了归属地数据，area 字段为 varchar 类型，除了用于和表 data1 建立关联外，其值实际上是归属地的固话区号。

项目 IncomingCallManager 只用到了 AddressDao 和 PhoneStateReceiver 两个类。AddressDao 类根据来电号码在数据库 address.db 中查询归属地信息，其主要代码如下所示。

```
    public class AddressDao {

    private static final String path = "/data/data/com.example.incomingcallmanager/
files/address.db";

        public static String getAddress(String number) {
            String address = "未知号码";
            SQLiteDatabase db = SQLiteDatabase.openDatabase(path, null, SQLiteDatabase.
OPEN_READONLY);
            // 判断是否是手机号码,11 位,1 开头,3458,9 位数字
            if (number.matches("^1[3458]\\d{9}$")) {
                Cursor cursor = db.rawQuery(
    "select location from data2 where id = (select outkey from data1 where id=?)",
    new String[]{number.substring(0, 7)});
                if (cursor.moveToNext()) {
                    address = cursor.getString(0);
                }
                cursor.close();
            }else if(number.length()>=10 && number.startsWith("0")){
                Cursor curosr = db.rawQuery(
    "select location from data2 where area =?",
```

```
        new String[]{number.substring(1, 3)});
                if(curosr.moveToFirst()){
                    String str = curosr.getString(0);
                    address = str.substring(0, str.length()-2);
                }
                curosr.close();
                curosr = db.rawQuery(
"select location from data2 where area =?",
new String[]{number.substring(1, 4)});
                if(curosr.moveToFirst()){
                    String str = curosr.getString(0);
                    address = str.substring(0, str.length()-2);
                }
                curosr.close();
        }
        db.close();
        return address;
    }
}
```

AddressDao 类中的字符串常量 path 定义了数据库文件的路径，方法 getAddress()根据参数 number 即来电号码在数据库中查询并返回归属地信息。getAddress()方法首先调用 SQLiteDatabase 的静态方法 openDatabase()以只读的方式打开数据库，然后通过正则表达式 "^1[3458]\\d{9}$" 判断来电号码为手机还是固话。如果是手机号码，则先获取其在表 data1 中对应的 outkey 字段值，然后根据该值获取其在表 data2 中对应的 location 字段值，即手机号码对应的归属地和运营商。但如果是固话号码，则只需在 data2 中根据区号 area 字段查询对应的 location 字段值即可，因为固话区号分为 2 位（如北京 10）和 3 位（如郑州 371）两种情况，所以首先按 2 位的区号进行查询，然后又按 3 位的区号进行查询。对于固话无须再返回运营商信息，所以相对于手机号码，最终只返回了 location 字段中的归属地信息。

类 PhoneStateReceiver 是一个广播接收器，主要对电话状态改变广播（android.intent.action.PHONE_STATE）进行处理，在接收到广播后，其从广播中提取出来电号码，并依赖类 AddressDao 查询其归属地。类 PhoneStateReceiver 的主要代码如下所示。

```
public class PhoneStateReceiver extends BroadcastReceiver {

    @Override
    public void onReceive(Context context, Intent intent) {

        if(!intent.getAction().equals(Intent.ACTION_NEW_OUTGOING_CALL)){
            TelephonyManager tm = (TelephonyManager)context.getSystemService(Context.TELEPHONY_SERVICE);
            switch (tm.getCallState()) {
                case TelephonyManager.CALL_STATE_RINGING:
                String incomingNumber= intent.getStringExtra("incoming_number");
                String address = AddressDao.getAddress(incomingNumber);
                Toast.makeText(context, address, Toast.LENGTH_LONG).show();
                Log.i("PhoneStatReceiver", "振铃");
                break;
                case TelephonyManager.CALL_STATE_OFFHOOK:
                Log.i("PhoneStatReceiver", "接听");
                break;
```

```
                    case TelephonyManager.CALL_STATE_IDLE:
                        Log.i("PhoneStatReceiver", "挂断");
                        break;
                }
            }
        }
    }
}
```

因为拨出电话和来电拨入都会引起电话状态改变广播（android.intent.action.PHONE_STATE），所以在类 PhoneStateReceiver 的方法 onReceive()中首先判断广播 Action 不是拨出电话（Intent.ACTION_NEW_OUTGOING_CALL）引起的，即只对来电拨入引起的广播进行处理。接下来获取电话管理器 TelephonyManager 并调用其方法 getCallState()，判断来电处于振铃状态时（TelephonyManager.CALL_STATE_RINGING），才从参数 intent（即广播消息）的附加信息中获取来电号码，并调用 AddressDao 的静态方法 getAddress()查询归属地信息并显示。

在系统发出 android.intent.action.PHONE_STATE 广播时，要使类 PhoneStateReceiver 能够被通知，还需在项目的 AndroidManifest.xml 文件的<application>标签中加入如下内容以注册类 PhoneStateReceiver。

```
<receiver android:name=".PhoneStateReceiver">
    <intent-filter android:priority="1">
        <action android:name="android.intent.action.PHONE_STATE"/>
    </intent-filter>
</receiver>
```

<intent-filter>标签中的 android:priority 属性的值为 1，是为了保证广播接收器 PhoneStateReceiver 能在系统的来电界面（其 android:priority 属性值为 0）显示之前执行。最后还需在 AndroidManifest.xml 文件中加入以下内容以获得读取电话状态的权限。

```
<uses-permission android:name="android.permission.READ_PHONE_STATE" />
```

# 7.2 Service

## 7.2.1 Service 简介

Service 组件主要运行在系统后台，没有用户界面，通常处理长时间运行的任务，其类似于 Windows 系统中的"服务"和 Unix 系统中的"守护进程"。开发 Android 应用时，很多不需要用户输入且比较耗时的场景都需要用到 Service，如在应用中播放背景音乐，用 GPS 记录手机的移动路径，对用户的电话通话进行录音等。如图 7-7 所示，用户在 Android 手机打开"设置">"应用">"正在运行"选项卡，就可看到当前系统中正在运行的 Service。

图 7-7 Android 系统正在运行的 Service

## 7.2.2 构建 Service

创建 Service 组件就是继承抽象类 Service 并实现其生命周期方法，抽象类 Service 位于 android.app 包下，该类中的主要方法如表 7-2 所示。

表 7-2　　　　　　　　　　　　Service 抽象类中的主要方法

| 方法 | 说明 |
| --- | --- |
| public abstract IBinder onBind(Intent intent) | 返回绑定到 AIDL 服务的接口 |
| public void onCreate() | 服务首次创建时被系统调用 |
| public int onStartCommand(Intent intent, int flags, int startId) | 客户端每次调用方法 startService()开启服务时被系统调用 |
| public void onDestroy() | 当服务不再使用时被系统调用 |
| public final void stopSelf() | 主动停止服务 |

从表可以看出，Service 组件有着与 Activity 组件类似的一些生命周期方法，Service 组件的生命周期独立于 Activity 组件的生命周期，也就是当一个 Android 应用的界面处于不可见时，该应用的 Service 仍可在后台继续工作。抽象方法 onBind()是实现抽象类 Service 时必须实现的方法，通常用于实现 AIDL 服务，实现本地服务时返回 null 即可。方法 onCreate()用于服务开始前的初始化，方法 onStartCommand()用于实现长时间运行的服务，方法 onDestroy()用于服务完成后的资源释放。

接下来以项目 ServiceDemo 为例讲解如何构建 Service。需要注意的是，由于该项目中只定义了 Service，而没有定义任何 Activity，所以在 Android 手机上看不到该项目的应用程序图标。用户在 Android 手机打开"设置" > "应用" > "已下载"选项卡，就可看到项目 ServiceDemo。项目 ServiceDemo 中实现服务的类 MyService 的主要代码如下。

```java
public class MyService extends Service {
    private static final String TAG="MyService";
    private boolean isRunning;
    private int startId;

    @Override
    public IBinder onBind(Intent intent) {
        return null;
    }

    @Override
    public void onCreate() {
        super.onCreate();
        Log.i(TAG, "onCreate()");
    }

    @Override
    public int onStartCommand(Intent intent, int flags, int startId) {
        super.onStartCommand(intent, flags, startId);
        Log.i(TAG, "onStartCommand()");

        this.startId=startId;
        isRunning = true;
```

```
            new Thread() {
                public void run() {
                    while(isRunning) {
                        Log.i(TAG, "MyService is running, startId="
                                +MyService.this.startId+",threadId="+getId());
                        try {
                            Thread.sleep(2000);
                        } catch (InterruptedException e) {
                            e.printStackTrace();
                        }
                    }
                }
            }.start();

            return START_STICKY;
        }

        @Override
        public void onDestroy() {
            Log.i(TAG, "onDestroy()");
            isRunning = false;
            super.onDestroy();
        }
    }
```

从以上代码可以看出，实现 Service 的关键在于实现方法 onStartCommand()。当系统资源紧张时，Service 组件在运行时可能会被系统强制终止，方法 onStartCommand()的返回值决定了系统应如何处理 Service 重启，常量 START_STICKY 指定为重启 Service，但不再传入最后的 Intent，参数 flag 用于判定重启的方式。参数 startId 唯一标识了每一次的 startService()调用。

Service 组件运行在应用的主线程中，也就是方法 onStartCommand()运行在 GUI 主线程中，因此通常需要在方法 onStartCommand()中开启一个新线程以在后台来处理耗时任务，避免引起界面响应停顿或阻塞主线程中的后续任务。

如果要开放 Service 组件以被其他 Android 应用访问，则还需在项目的 AndroidManifest.xml 文件的<application>标签中加入如下内容。

```xml
<service android:name=".MyService">
    <intent-filter>
        <action android:name="com.example.service.MyService" />
    </intent-filter>
</service>
```

<receiver>标签中的属性 android:name 向系统中注册了一个 Service 类 MyService，<action>标签中的属性 android:name 指定了访问该服务时，应在 Intent 对象中设置的 Action 属性，也就是自定义字符串 com.example.service.MyService 全局唯一地标识了 MyService 服务。

### 7.2.3　启动和停止 Service

Service 组件不能自己启动，需要通过另一个 Activity 或其他 Context 对象来启动。本节通过项目 AccessServiceDemo 讲解如何启动和停止上节创建的 MyService 服务。

项目 AccessServiceDemo 的界面如图 7-8 所示，单击按钮"StartMyService"将开启 MyService 服务，单击按钮"StopMyService"则停止 MyService 服务，此时在 LogCat 视图中将观察到 MyService 服务的输出如图 7-9 所示。

第 7 章 BroadcastReceiver 与 Service

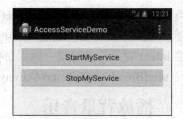

图 7-8 项目 AccessServiceDemo 的界面

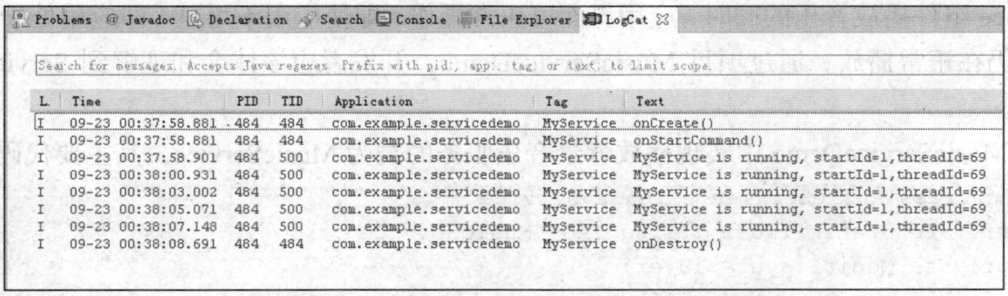

图 7-9 服务 MyService 从开启到停止的输出

项目 AccessServiceDemo 中实现开启和停止 MyService 服务的代码比较简单，在类 MainActivity 中的具体实现代码如下所示。

```java
public class MainActivity extends Activity {

    @Override
    protected void onCreate(Bundle savedInstanceState) {
        super.onCreate(savedInstanceState);
        setContentView(R.layout.activity_main);

        Button startButton = (Button)findViewById(R.id.startButton);
        startButton.setOnClickListener(new OnClickListener(){

            @Override
            public void onClick(View view) {
                Intent intent = new Intent();
                intent.setAction("com.example.service.MyService");
                startService(intent);
            }

        });

        Button stopButton = (Button)findViewById(R.id.stopButton);
        stopButton.setOnClickListener(new OnClickListener(){

            @Override
            public void onClick(View view) {
                Intent intent = new Intent();
                intent.setAction("com.example.service.MyService");
                stopService(intent);
            }

        });
    }
}
```

开启和停止服务分别用到了类 Activity 中的方法 startService()和 stopService()。按钮 startButton 的事件处理方法 onClick()中实现了开启服务的功能，通过 Intent 开启 Service 与打开 Activity、发送广播的代码都是类似的，即新建 Intent 对象，设置唯一标识目标组件的 Action 属性，最后再分别调用相应的方法（startService()、sendBroadcast()和 startActivity()）即可。

### 7.2.4 Service 应用——播放背景音乐

本节通过项目 MusicServiceDemo 讲解如何利用 Service 组件在 Android 应用中播放背景音乐。利用 Service 组件播放音乐的同时，应用界面可正常操作，即使应用不可见（即应用处于后台时），背景音乐仍在正常播放。通过项目 MusicServiceDemo，开发者应该体会和理解到 Service 组件的工作特性。

项目 MusicServiceDemo 中实现播放背景音乐服务的类为 MusicService，其主要代码如下：

```java
public class MusicService extends Service {
    private static final String TAG="MusicService";
    private MediaPlayer player;

    @Override
    public IBinder onBind(Intent intent) {
        return null;
    }

    @Override
    public void onCreate() {
        super.onCreate();
        Log.i(TAG, "onCreate()");
        player = MediaPlayer.create(this, R.raw.donkey);
        player.setLooping(true);
    }

    @Override
    public int onStartCommand(Intent intent, int flags, int startId) {
        Log.i(TAG, "onStartCommand()");
        player.start();
        return START_STICKY;
    }

    @Override
    public void onDestroy() {
        Log.i(TAG, "onStop()");
        if(player!=null){
            player.stop();
            player.release();
        }
        super.onDestroy();
    }
}
```

方法 onCreate()实现了媒体播放器 MediaPlayer 的创建及初始化，MediaPlayer 类的静态方法 create()的参数 R.raw.donkey 设定了音乐资源文件。方法 onStartCommand()开始了播放，方法 onDestroy()则停止了播放。

## 7.3 小结

本章讲解了 Android 平台四大组件中的 BroadcastReceiver 和 Service，BroadcastReceiver 和 Service 通常运行于后台且没有用户界面。首先要了解 Android 系统中都有哪些常见的 BroadcastReceiver 和 Service，然后需要理解 BroadcastReceiver 和 Service 的工作原理及其应用场合。Service 除了可以实现后台服务功能，还可以用于进程间通信，解决不同 Android 应用程序进程间的调用和通信问题。

## 习 题

1. 简述 Android 系统中常见的广播及其作用。
2. 简述 Android 系统启动后都有哪些服务正在运行。
3. 用 Service 实现一个后台下载应用，要求不能影响应用的前台操作。

# 第 8 章
# Handler 与 AsyncTask

Java 语言的并发 API 对多线程编程提供了由低级到高级的完整 API 支持，Android 平台完全可以利用 Java 语言的并发 API 实现复杂的并发多任务处理，但是为了适应 Android 手机 UI 的操作与更新的特殊性，Android 平台中引入了 Handler 与 AsyncTask。相对于 Service 组件没有用户界面通常处理长时间运行的后台任务，Handler 与 AsyncTask 更适合处理与用户界面更新有关的长时间运行的用户可等待的任务。

## 8.1 主线程与工作线程

每个 Android 应用都运行在一个独立的进程中，该进程通常只开启一个线程运行应用中的 Activity 组件、Service 组件和 BroadcastReceiver 组件中的代码，该线程被称作主线程（Main Thread），Android 应用中的多数代码通常都运行在主线程中。因为 UI 中 View 组件的事件处理及更新通常也在主线程中运行，因此主线程也叫 UI 线程。当在 UI 线程中处理耗时的任务（如网络操作、文件操作和数据库操作等）时，会阻塞 UI 线程。为了实现更好的用户体验，Android 平台对于每个消息在 UI 线程中的处理时间有严格的要求。如果在一定时间内处理未能完成，系统将会弹出 ANR（Application Not Responding）对话框（如图 8-1 所示）。

图 8-1 ANR 对话框

Activity 和 Service 组件中的阻塞时间被限制在 5 秒内，BroadcastReceiver 组件中的阻塞时间被限制在 10 秒内。因此当任务的处理时间超过以上限制时，为了避免弹出 ANR 对话框，就需要创建新的线程去处理耗时的任务，这种不同于主线程的新建线程通常被称为工作线程（Worker Thread）。

## 8.2 Handler

### 8.2.1 Handler 简介

在 Activity 组件中，可以创建新的线程以处理耗时的任务，但是当在新线程（工作线程）中"直接"处理 UI 中 View 组件的更新时，因为 UI 中的 View 组件不是线程安全的，系统会抛出异常 ViewRootImpl$CalledFromWrongThreadException，并中断 Android 应用的运行。在项目

ANRDemo 中演示了该异常的抛出，该项目的界面如图 8-2 所示。

当单击 Execute 按钮时，项目 ANRDemo 会创建新的线程并模拟处理耗时的任务，在处理耗时任务的间隙，新线程会更新界面上的进度条组件和显示进度百分比的 TextView 组件，而对 TextView 组件的更新则会引起异常并中断应用的执行。项目 ANRDemo 中类 MainActivity 的主要代码如下。

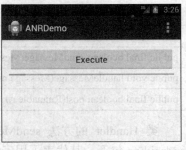

图 8-2　项目 ANRDemo 的界面

```java
public class MainActivity extends Activity {
    private ProgressBar progressBar;
    private TextView progressText;

    @Override
    protected void onCreate(Bundle savedInstanceState) {
        super.onCreate(savedInstanceState);
        setContentView(R.layout.activity_main);

        progressBar = (ProgressBar)findViewById(R.id.progressBar);
        progressBar.setMax(100);
        progressText = (TextView)findViewById(R.id.progressText);
    }

    public void onClick(View view){
        new Thread(){
            public void run(){
                for(int i=1;i<=10;i++){
                    try {
                        Thread.sleep(500);
                    } catch (InterruptedException e) {
                        e.printStackTrace();
                    }
                    progressBar.setProgress(i*10);
                    progressText.setText(i*10+"%");
                }
            }
        }.start();
    }
}
```

在方法 onClick()中新建了线程，并调用方法 Thread.sleep()模拟了耗时任务，对显示进度百分比的 TextView 组件的更新，即代码 progressText.setText（i*10+"%"）引起了异常并中断了应用的执行，视图 LogCat 输出的异常信息如下。

```
android.view.ViewRootImpl$CalledFromWrongThreadException: Only the original thread
that created a view hierarchy can touch its views.
```

从异常信息可以看出，只有在主线程中才能更新 UI 中的 View 组件，在工作线程中不能"直接"更新 UI。为了实现在工作线程中更新 UI 的功能，Android 平台中引入了类 Handler，类 Handler 位于 android.os 包下，其基于消息队列实现了工作线程与主线程之间的通信，该类中的主要方法如表 8-1 所示。

表 8-1　类 Handler 中的主要方法

| 方法 | 说明 |
| --- | --- |
| public final boolean sendMessage(Message msg） | 向 UI 线程的消息队列中发送一条消息 |
| public void handleMessage(Message msg） | 在 UI 线程中处理工作线程发送的消息 |
| public final boolean post(Runnable r） | 向 UI 线程的消息队列中发送一个 Runnable 对象 |

类 Handler 的方法 sendMessage()和 handleMessage()涉及了类 Message，类 Message 位于 android.os 包下，其代表了用于线程通信的消息队列中消息，该类中的主要字段和方法如表 8-2 所示。

表 8-2　类 Message 中的主要字段和方法

| 字段/方法 | 说明 |
| --- | --- |
| public int arg1 | 用于在 Message 中传递的低代价（相对于 setData()）的整型值 |
| public int arg2 | 用于在 Message 中传递的低代价（相对于 setData()）的整型值 |
| public int what | 用于区分消息发送者的整型值 |
| public void setData(Bundle data) | 设置在 Message 中传递的数据 |
| public Bundle getData() | 获取在 Message 中传递的数据 |

Handler 只是实现了工作线程与主线程之间的通信，其自身并不会启动新的线程。在工作线程中利用类 Handler 更新 UI 中的 View 组件有两种方法，一种是利用方法 sendMessage()和 handleMessage()实现，另一种是利用方法 post()实现，下面将通过实例分别讲解两种实现方法。

### 8.2.2　用 sendMessage()方法更新 UI

本节通过项目 HandlerDemo 讲解如何在工作线程中利用方法 sendMessage()更新 UI 中的 View 组件，项目 HandlerDemo 的界面如图 8-3 所示。

当单击 Execute 按钮时，项目 HandlerDemo 会创建新的线程并模拟处理耗时任务，在处理耗时任务的间隙，新线程利用类 Handler 的方法 sendMessage()和 handleMessage()更新界面上的进度条组件与显示进度百分比的 TextView 组件。项目 HandlerDemo 中类 MainActivity 的主要代码如下。

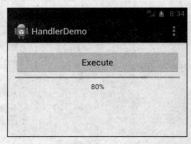

图 8-3　项目 HandlerDemo 的界面

```
public class MainActivity extends Activity {
    private ProgressBar progressBar;
    private TextView progressText;
    private Handler handler;

    @Override
    protected void onCreate(Bundle savedInstanceState) {
        super.onCreate(savedInstanceState);
        setContentView(R.layout.activity_main);

        progressBar = (ProgressBar)findViewById(R.id.progressBar);
        progressBar.setMax(100);
        progressText = (TextView)findViewById(R.id.progressText);
```

```java
            handler = new Handler(){
                public void handleMessage(Message msg) {
                    int progress = msg.getData().getInt("progress");
                    progressBar.setProgress(progress);
                    progressText.setText(progress+"%");
                }
            };
        }

        public void onClick(View view){
            new Thread(){
                public void run(){
                    for(int i=1;i<=10;i++){
                        try {
                            Thread.sleep(500);
                        } catch (InterruptedException e) {
                            e.printStackTrace();
                        }

                        Message msg = new Message();
                        msg.getData().putInt("progress", i*10);
                        handler.sendMessage(msg);
                    }
                }
            }.start();
        }
    }
```

在方法 onClick()中新建了线程并调用 Thread.sleep()模拟耗时任务，在处理耗时任务的间隙为了更新 UI 中的进度条组件和 TextView 组件中的进度，新建了消息对象 msg，并在 msg 中放置了一个表示处理进度的整型变量 progress，最后调用了 handler 对象的方法 sendMessage()，将消息 msg 发送到 UI 线程的消息队列中，以便该消息能被 UI 线程及时地处理。

在方法 onCreate()中新建了 Handler 对象并重写了方法 handleMessage()，当在新线程中调用 handler 对象的方法 sendMessage()时，系统将回调方法 handleMessage()以处理新线程发送的消息对象 msg。在方法 handleMessage()中，首先从表示消息的参数 msg 中取出了表示处理进度的变量 progess，并用其值分别更新了进度条组件和 TextView 组件的进度。

Handler 对象通常应在 UI 线程中实例化，方法 sendMessage()是在工作线程中执行的，而 handleMessage()是在 UI 线程中执行。

### 8.2.3 用 post()方法更新 UI

本节通过项目 HandlerDemo2 讲解如何在工作线程中利用方法 post()更新 UI 中的 View 组件，项目 HandlerDemo2 的界面和功能与项目 HandlerDemo 一样，只是实现方法不同。

当单击 Execute 按钮时，项目 HandlerDemo2 会创建新的线程并模拟处理耗时任务，在处理耗时任务的间隙，新线程利用类 Handler 的方法 post()传递了 Runnable 对象，该 Runnable 对象可更新界面上的进度条组件和显示进度百分比的 TextView 组件。项目 HandlerDemo2 中类 MainActivity 的主要代码如下：

```java
public class MainActivity extends Activity {
    private ProgressBar progressBar;
    private TextView progressText;
    private Handler handler;
```

```java
        private int progress;

        @Override
        protected void onCreate(Bundle savedInstanceState) {
            super.onCreate(savedInstanceState);
            setContentView(R.layout.activity_main);

            progressBar = (ProgressBar)findViewById(R.id.progressBar);
            progressBar.setMax(100);
            progressText = (TextView)findViewById(R.id.progressText);

            handler = new Handler();
        }

        public void onClick(View view){
            new Thread(){
                public void run(){
                    for(int i=1;i<=10;i++){
                        try {
                            Thread.sleep(500);
                        } catch (InterruptedException e) {
                            e.printStackTrace();
                        }

                        progress =i*10;
                        handler.post(new Runnable() {
                            public void run() {
                                progressBar.setProgress(progress);
                                progressText.setText(progress+"%");
                            }
                        });
                    }
                }
            }.start();
        }
```

在方法 onCreate()中新建了 Handler 对象，在方法 onClick()中新建了线程并调用 Thread.sleep()模拟耗时任务，在处理耗时任务的间隙为了更新 UI 中的进度条组件和 TextView 组件中的进度，调用了 handler 对象的方法 post()，将一个 Runnable 对象发送到了 UI 线程的消息队列中，以便该 Runnable 对象能被 UI 线程执行。在 Runnable 对象的 run()方法中，根据变量 progress 的值分别更新了进度条组件和 TextView 组件的进度。

Handler 对象通常应在 UI 线程中实例化，Runnable 对象的 run()方法是在 UI 线程中执行的，系统并没有为 Runnable 对象的运行创建新线程。开发者不应在方法 run()中编写耗时操作的代码，因为该方法是在 UI 线程里面执行的，方法 run()中只应该放入更新 UI 的代码。

## 8.3 AsyncTask

### 8.3.1 AsyncTask 简介

Handler 实现了工作线程与主线程间的通信，使工作线程中所做的工作可及时反映更新到主线程 UI 的 View 组件上。但是因为涉及多线程编程，其对一些开发者仍有一定的难度，为了使开发者更易于实现并发多任务，Android 平台将 Handler、消息和线程等技术细节进行抽象封装，提供了异步任务类 AsyncTask，该类使得执行耗时任务并将执行进度发布到 UI 线程的编程更为容易。类 AsyncTask 是抽象类，其位于 android.os 包下，该类中的主要方法如表 8-3 所示。

表 8-3　　　　　　　　　　　　类 AsyncTask 中的主要方法

| 方法 | 说明 |
| --- | --- |
| public final AsyncTask<Params, Progress, Result> execute(Params... params) | 执行类 AsyncTask 中所实现的异步任务，该方法必须在 UI 线程中调用 |
| protected abstract Result doInBackground(Params... params) | 在该方法中定义需在后台线程中执行异步任务，方法中可变参数的类型由泛型 Params 设定 |
| protected void onPreExecute() | 在该方法定义任务执行前的初始工作 |
| protected void onProgressUpdate(Progress... values) | 在该方法定义任务执行间隙需执行的 UI 更新操作，方法中可变参数的类型由泛型 Progress 设定 |
| protected void onPostExecute(Result result) | 在该方法定义任务执行后的收尾工作，如将处理结果发布到 UI，方法中参数的类型由泛型 Result 设定 |

类 AsyncTask 的声明为 AsyncTask<Params, Progress, Result>，其涉及三个泛型参数，泛型 Params 指定了异步任务执行前，发送到任务的初始参数的类型。泛型 Progress 指定了在任务处理间隙，表示任务处理进度的变量的类型。泛型 Result 指定了异步任务完成后，表示任务处理结果的变量的类型。

创建异步任务即创建抽象类 AsyncTask 的子类，在子类中必须实现抽象方法 doInBackground()，并在其中编写具体的异步任务代码。然后根据是否需要对异步任务进行预处理、后处理和更新 UI，再分别实现方法 onPreExecute()、onPostExecute()和 onProgressUpdate()。执行异步任务时，只需新建 AsyncTask 子类的对象并调用其 execute()方法即可。

AsyncTask 对象通常应在 UI 线程中实例化，并通过调用其 execute()方法以执行异步任务。系统会自己新建一个后台线程，异步任务也就是方法 doInBackground()就在该后台线程中执行。对于异步任务类 AsyncTask，除了方法 doInBackground()是在后台线程中执行外，其余的方法都是在 UI 线程中执行。

### 8.3.2　AsyncTask 示例

本节通过项目 AsyncTaskDemo 讲解如何执行异步任务并更新 UI 中的 View 组件，项目 AsyncTaskDemo 的界面和功能与项目 HandlerDemo 一样，只是实现方法不同。

当单击 Execute 按钮时，项目 AsyncTaskDemo 会执行异步任务并模拟处理耗时任务，在执行任务的间隙，会相应更新界面上的进度条组件和显示进度百分比的 TextView 组件。项目 AsyncTaskDemo 中类 MainActivity 的主要代码如下。

```java
public class MainActivity extends Activity {
    private static final String TAG = "MainActivity";
    private ProgressBar progressBar;
    private TextView progressText;

    @Override
    protected void onCreate(Bundle savedInstanceState) {
        super.onCreate(savedInstanceState);
```

```java
            setContentView(R.layout.activity_main);

            progressBar = (ProgressBar)findViewById(R.id.progressBar);
            progressBar.setMax(100);
            progressText = (TextView)findViewById(R.id.progressText);
        }

        public void onClick(View view){
            new MyAsyncTask().execute("String1","String2","String3");
        }

        private class MyAsyncTask extends AsyncTask<String, Integer, Integer>{
            @Override
            protected void onPreExecute() {
                Log.v(TAG, "onPreExecute(), threadName="
+Thread.currentThread().getName());
            }
            @Override
            protected Integer doInBackground(String... params) {
                Log.v(TAG, "doInBackground(), threadName="
+Thread.currentThread().getName());
                String paramString="";
                for(String s : params){
                    paramString+=s+", ";
                }
                Log.v(TAG, "doInBackground(), params="+paramString);

                for(int i=1;i<=10;i++){
                    try {
                        Thread.sleep(500);
                    } catch (InterruptedException e) {
                        e.printStackTrace();
                    }
                    int progress = i*10;
                    publishProgress(progress);
                }

                return null;
            }
            @Override
            protected void onProgressUpdate(Integer... values) {
                Log.v(TAG, "onProgressUpdate(), threadName="
+Thread.currentThread().getName());
                int progress = values[0];
                progressBar.setProgress(progress);
                progressText.setText(progress+"%");
            }

            @Override
            protected void onPostExecute(Integer result) {
                Log.v(TAG, "onPostExecute), threadName="
+Thread.currentThread().getName());
            }
        }
    }
```

在类 MainActivity 中创建了内部类 MyAsyncTask，该类继承实现了类 AsyncTask，并用泛型指定了初始参数 Params、进度值 Progress 和结果值 Result 的类型分别为 String、Integer 和 Integer。在类 MyAsyncTask 中，着重实现了方法 doInBackground()，在该方法中调用 Thread.sleep()模拟耗时任务，在处理耗时任务的间隙为了更新 UI 中的进度条组件和 TextView 组件中的进度，调用了类 AsyncTask 的方法 publishProgress()，并传入表示处理进度的整型参数 progress。在 doInBackground()（即后台线程）中调用方法 publishProgress()，会触发在 UI 线程中调用类 AsyncTask 的方法 onProgressUpdate()，在方法 onProgressUpdate()中可获取到方法 publishProgress()传入的进度参数，并能够根据该参数更新 UI 中的 View 组件。

另外需要注意的是 AsyncTask 对象不可重复使用，也就是说一个 AsyncTask 对象实例只能调用 execute()方法一次，否则就会抛出以下异常。

```
java.lang.IllegalStateException: Cannot execute task: the task is already running
```

所以，项目 AsyncTaskDemo 中采用了以下形式执行异步任务。

```
new MyAsyncTask().execute("String1","String2","String3");
```

### 8.3.3 AsyncTask 应用——电话区号查询

网络操作、文件操作和数据库操作均是耗时操作，都可能会阻塞 UI 线程，因此此类操作应尽量用异步任务 AsyncTask 执行。本节通过一个显示电话区号的应用 AreacodeDemo，讲解如何调用异步任务 AsyncTask 执行数据库查询操作，项目 AreacodeDemo 的界面如图 8-4 所示。

图 8-4　项目 AreacodeDemo 的界面

将项目 AreacodeDemo 部署到 Android 手机上后，还需将项目所依赖的 SQLite 数据库文件 address.db 通过 File Explorer 视图的 Push 功能上传到 Android 手机的/data/data/com.example.areacodedemo/files 目录下。项目 AreacodeDemo 启动时，其会在异步任务中查询 SQLite 数据库，获取地址和区号并显示在 ListView 中。项目 HandlerDemo 中类 MainActivity 的主要代码如下。

```
public class MainActivity extends ListActivity {
    private SimpleCursorAdapter areacodeAdapter;
```

```java
    @Override
    protected void onCreate(Bundle savedInstanceState) {
        super.onCreate(savedInstanceState);

        String[] from = new String[]{"loc","area0"};
        int[] to = new int[]{android.R.id.text1,android.R.id.text2};
        areacodeAdapter = new SimpleCursorAdapter(this, android.R.layout.simple_list_item_2, null, from, to, 0);
        setListAdapter(areacodeAdapter);

        new GetAreacodeTask().execute((Object[]) null);
    }

    private class GetAreacodeTask extends AsyncTask<Object, Object, Cursor> {
        private static final String path =
"/data/data/com.example.areacodedemo/files/address.db";
        SQLiteDatabase db;

        @Override
        protected Cursor doInBackground(Object... params) {
            db =
SQLiteDatabase.openDatabase(path, null, SQLiteDatabase.OPEN_READONLY);
            Cursor cursor =
db.rawQuery("select id as _id, substr(location,1,length(location)-2) as loc, '0'||area as area0 from data2 group by loc order by area", new String[]{});
            return cursor;
        }

        @Override
        protected void onPostExecute(Cursor result) {
            areacodeAdapter.changeCursor(result);
            db.close();
        }
    }

    @Override
    protected void onDestroy() {
        areacodeAdapter.changeCursor(null);
        super.onStop();
    }
}
```

在 onCreate()中，字符串数组 from 定义了要显示的字段，整形数组 to 定义了显示字段的 TextView，接下来创建了 SimpleCursorAdapter 适配器，并调用方法 setListAdapter()为类 MainActivity（ListActivity 的子类）设置适配器。最后执行了异步任务 GetAreacodeTask。

在异步任务类 GetAreacodeTask 中，用泛型指定了初始参数 Params、进度值 Progress 和结果值 Result 的类型分别为 Object、Object 和 Cursor，其中 Cursor 指定了方法 onPostExecute()的参数（方法 doInBackground()返回值）类型。接下来在方法 doInBackground()中以只读方式打开了 path 位置的数据库，然后执行了返回地址（loc 字段）和区号（area 字段）的查询，打开和查询数据库的操作均在后台线程中执行，并不会阻塞前台 UI 线程。在方法 onPostExecute()中，将查询到的 Cursor 对象设置到适配器以在 MainActivity 上显示，然后关闭了数据库。

在 onDestroy()中，即应用销毁时，将适配器中的 Cursor 对象设为了 null 以释放内存。

## 8.3.4　AsyncTask 应用——访问 MySQL 数据库

应用实例"电话区号"访问的是 Android 系统上的 SQLite 数据库，该应用也可以不使用 AsyncTask 机制而直接访问，只不过应用的执行效率会变低。但是，当需要在 MainActivity 中执行网络操作和远程数据库操作时（如访问网络上的 WebService 或 MySQL 数据库），则就必须在新的线程中异步执行，否则应用就会抛出异常"android.os.NetworkOnMainThreadException"。本节通过一个访问远程主机（ip 地址为 202.196.38.106）上的 MySQL 数据库的应用 MySqlDemo，讲解如何调用异步任务 AsyncTask 远程访问数据库，项目 MySqlDemo 的界面如图 8-5 所示。

项目 MySqlDemo 启动后，单击界面上的"Query"按钮，应用就会在异步任务中远程访问 MySql 数据库的 user 表，读取表中的字段 username 和 password，并将结果通过 TextView 组件显示在界面上。项目 HandlerDemo 中类 MainActivity 的主要代码如下。

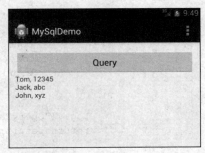

图 8-5　项目 MySqlDemo 的界面

```java
public class MainActivity extends Activity {
    private TextView msg = null;

    @Override
    protected void onCreate(Bundle savedInstanceState) {
        super.onCreate(savedInstanceState);
        setContentView(R.layout.activity_main);
        msg = (TextView) findViewById(R.id.msgText);

        try {
            Class.forName("com.mysql.jdbc.Driver");
        } catch (ClassNotFoundException e) {
            e.printStackTrace();
        }
    }

    public void onClick(View view){
        new QueryTask().execute();
    }

    private class QueryTask extends AsyncTask<String, Integer, String>{

        @Override
        protected String doInBackground(String... params) {
            Connection conn = null;
            Statement stmt=null;
            ResultSet rs=null;
            String query = "SELECT username,password FROM user";
            String result = "";

            try {
                conn=DriverManager.getConnection(
"jdbc:mysql://202.196.38.106:3306/test","root","");
                stmt = conn.createStatement();
```

```
                    rs = stmt.executeQuery(query);
                    while (rs.next()){
                        result += rs.getString("username")+", "
+rs.getString("password")+"\n";
                    }
                } catch (SQLException e) {
                    e.printStackTrace();
                }finally{
                    try {
                        rs.close();
                        stmt.close();
                        conn.close();
                    } catch (SQLException e) {
                        e.printStackTrace();
                    }
                }
                Log.v("QueryTask", "doInBackground()");
                return result;
            }

            protected void onPostExecute(String result) {
                msg.setText(result);
            }
        }
    }
```

从 Android 4.0 之后，当需要在 MainActivity 执行网络操作和远程数据库操作时，就必须在新的线程中异步执行，否则应用就会抛出异常"android.os.NetworkOnMainThreadException"。抛出该异常的原因是因为主线程中存在访问网络的代码，这违反了 Android 编码规范。Android 4.0 之前的版本支持在主线程中访问网络，但是在 Android 4.0 以后就限制了此类程序代码，这是为了避免阻塞主线程，影响主线程对 UI 和动画的处理，因此访问网络的相关代码不允许写在主线程中。

访问远程数据库必然是通过网络进行的，因此和需要远程访问 WebService 和网络服务器的 Android 应用一样，必须要在项目的 AndroidManifest.xml 文件中加入标签<uses-permission android:name="android.permission.INTERNET"/>，以获得访问网络的权限。如果不对访问网络的权限进行声明，应用执行时将会抛出以下异常：

```
java.net.SocketException: socket failed: EACCES (Permission denied)
```
另外还要确保在数据库服务器上开启了数据库的"远程访问权限"，否则应用会抛出异常：

```
java.sql.SQLException: null, message from server: "Host 'xxx' is not allowed to connect to this MySQL server
```
例如对于 MySQL 上的用户 root，就需在 MySQL 服务器上执行以下 SQL 语句以开启权限。

```
GRANT ALL PRIVILEGES ON *.* TO 'root'@'%' IDENTIFIED BY '' WITH GRANT OPTION
```

## 8.4 小结

本章讲解了适合处理与用户界面更新有关的长时间运行的用户可等待任务的 Handler 与 AsyncTask，这里的"用户可等待"是相对于 Service 来说。尤其当 Android 应用中涉及网络操作、文件操作和数据库操作时，在代码中尽量采用 Handler 与 AsyncTask 来实现，以避免应用运行时抛出各种异常。

# 习 题

1. 简述主线程与工作线程的关系。
2. Android 应用在什么情况下会弹出 ANR 对话框？该如何解决该问题？
3. 简述 Handler 与 AsyncTask 的各自特点及应用场合。
4. 实现一个下载应用，用 Handler 实现下载进度条的显示。
5. 重构第 6 章 "数据存储" 中的项目 AddressBook，将其增删改查的相关操作用 AsyncTask 重新实现。

# 第 9 章 定位与地图

定位与地图是智能手机最吸引人的特性之一,基于这些特性除了可实现确定用户位置、追踪移动路线和地图路线导航等基本的位置服务外,还可实现基于位置的交通、购物和交友等信息服务。

开发基于定位与地图的 Android 应用,需要掌握 Google Maps Android API,Google Maps Android API v1 在 2012 年 12 月 3 日已被弃用,从 2013 年 3 月 18 日起开发者将不能申请该版本的 API Key。谷歌公司建议新的应用基于 2013 年发布的 Google Maps Android API v2 进行开发,而本章就基于 Google Maps Android API v2 讲解定位与地图应用的开发。

## 9.1 定位

定位又称基于位置的服务,其主要依靠 GPS 卫星定位、移动基站与 WiFi 位置信息确定移动设备的当前位置。Google Maps Android API v1 主要依靠类 LocationManegr 实现定位功能,因为有大量遗留的 Android 应用是基于该类实现,本节先介绍类 LocationManager。Google Maps Android API v2 主要依靠类 LocationClient 实现定位功能,本节也会讲解类 LocationClient。

### 9.1.1 LocationManager 简介

通过类 LocationManager 可以访问 Android 系统的位置服务,利用该服务,应用可实现获取设备当前位置、设备位置改变及趋近指定区域被通知的功能。类 LocationManager 位于 android.location 包下,该类中的主要属性和方法如表 9-1 所示。

表 9-1　　类 LocationManager 中的主要属性与方法

| 属性/方法 | 说明 |
| --- | --- |
| public static final String GPS_PROVIDER | 代表 GPS 卫星定位 |
| public static final String NETWORK_PROVIDER | 代表移动基站和 WiFi 访问点定位 |
| public Location getLastKnownLocation(String provider) | 根据参数指定的定位技术获取设备的最新位置 |
| public void requestLocationUpdates(String provider, long minTime, float minDistance, LocationListener listener) | 注册位置改变监听器 LocationListener,设备位置改变时将被通知 |
| public void removeUpdates(LocationListener listener) | 删除位置改变监听器 |
| addProximityAlert(double latitude, double longitude, float radius, long expiration, PendingIntent intent) | 添加趋近警告 |
| public void removeProximityAlert(PendingIntent intent) | 删除趋近警告 |

字符串常量 GPS_PROVIDER 代表 GPS 定位，其定位精度较高但反应较慢、较为耗电，无法在室内使用。字符串常量 NETWORK_PROVIDER 代表网络定位，其精度较低但反应较快、较为省电。

方法 getLastKnownLocation()的参数可为常量 GPS_PROVIDER 或 NETWORK_PROVIDER，方法的返回值为表示当前位置信息的 Location 实例，类 Location 位于 android.location 包下，该类中的主要方法为 getLatitude()和 getLongitude()，其分别返回了 double 类型的纬度和经度。

方法 requestLocationUpdates()用于注册位置改变监听器 LocationListener，当设备位置改变时，其会收到发自 LocationManager 的位置信息。方法的第一个参数设定了采用的定位技术，第二个参数以毫秒为单位设定了监听位置改变的时间间隔，第三个参数以米为单位设定了监听位置改变的最小距离，最后一个参数指定了位置改变监听器 LocationListener 的实例。接口 LocationListener 位于 android.location 包下，该接口中的抽象方法如表 9-2 所示。

表 9-2　　　　　　　　接口 LocationListener 中的抽象方法

| 方法 | 说明 |
| --- | --- |
| abstract void　onLocationChanged(Location location) | 当设备位置改变时被调用 |
| abstract void　onProviderDisabled(String provider) | 当定位设备被禁用时被调用 |
| abstract void　onProviderEnabled(String provider) | 当定位设备被打开时被调用 |
| abstract void　onStatusChanged(String provider, int status, Bundle extras) | 当定位设备状态改变时被调用 |

实现接口 LocationListener 关键在于实现方法 onLocationChanged()，当设备位置改变时，该方法将被系统回调，并传入 Location 类型的参数代表新的位置信息，因此利用该方法可实现追踪用户移动路线的功能。

要新建LocationManager实例,应以常量LOCATION_SERVICE为参数调用方法getSystemService()获取，具体代码如下所示。

```
LocationManager locationManager = 
(LocationManager)MainActivity.this.getSystemService(Context.LOCATION_SERVICE);
```

## 9.1.2　LocationManager 示例

本节通过项目 LocationDemo 讲解如何使用类 LocationManager 实现获取设备当前位置以及设备位置改变时被及时通知的功能。项目 LocationDemo 的界面如图 9-1 所示。

图 9-1　项目 LocationDemo 的界面

如图 9-2 所示，在 DDMS 透视图的 Emulator Control 选项卡的 Location Controls 中分别输入经度和纬度，再单击 "Send" 按钮，就设置了 Android 虚拟机的当前位置。因为当前位置变化了，项目 LocationDemo 就会捕获到该变化；并在 "我的位置" 按钮下方显示设备的位置信息。

当单击 "我的位置" 按钮时，项目 LocationDemo 会主动获取设备的当前位置信息并以 Toast 的形式显示。项目 LocationDemo 中类 MainActivity 的主要代码如下。

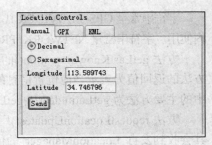

图 9-2　发送虚拟位置的界面

```java
public class MainActivity extends Activity {
    private TextView locationText;
    private LocationManager locationManager;

    @Override
    protected void onCreate(Bundle savedInstanceState) {
        super.onCreate(savedInstanceState);
        setContentView(R.layout.activity_main);

        locationText = (TextView)findViewById(R.id.locationText);

        locationManager = (LocationManager) getSystemService(Context.LOCATION_SERVICE);
        locationManager.requestLocationUpdates(LocationManager.GPS_PROVIDER, 5000, 2000, new MyLocationListener());
    }

    public void onClick(View v) {
        Location location = locationManager.getLastKnownLocation(LocationManager.GPS_PROVIDER);
        if(location!=null){
        Toast.makeText(this, "当前位于纬度: " + location.getLatitude()
                        +", 经度: "+location.getLongitude(), Toast.LENGTH_LONG).show();
        }else{
            Toast.makeText(this, "无法获取当前位置", Toast.LENGTH_LONG).show();
        }
    }

    private class MyLocationListener implements LocationListener{
        @Override
        public void onLocationChanged(Location location) {
            locationText.setText("当前位于纬度: " + location.getLatitude()+", 经度: " + location.getLongitude());
        }

        @Override
        public void onProviderDisabled(String provider) {

        }

        @Override
        public void onProviderEnabled(String provider) {

        }
```

```
            @Override
            public void onStatusChanged(String provider, int status, Bundle extras) {

            }
        }
}
```

在方法 onCreate()中首先调用方法 getSystemService(Context.LOCATION_SERVICE)，根据位置服务获取了 LocationManager 实例。然后又调用该实例的方法 requestLocationUpdates()注册了监听器 MyLocationListener，设置用 GPS 技术定位，在 5000 毫秒内，如果设备位置改变大于 2000米时，监听器 MyLocationListener 应被触发。MyLocationListener 实现了接口 LocationListener 并重写了方法 onLocationChanged()。当设备位置改变满足以上设置条件时，方法 onLocationChanged()会被系统回调，方法的参数 location 即为设备的最新位置信息。

在"我的位置"按钮的事件处理方法 onClick()中，调用方法 getLastKnownLocation 获取了设备的当前位置信息，并用 Toast 显示了该位置的纬度和经度。

最后还需在 AndroidManifest.xml 文件中加入以下标签以获得访问定位设备的权限。

```
<uses-permission android:name="android.permission.ACCESS_FINE_LOCATION"/>
<uses-permission android:name="android.permission.ACCESS_COARSE_LOCATION"/>
```

### 9.1.3 LocationClient 简介

LocationClient 是谷歌在 Google I/O 2013 大会上作为 Google Play Service SDK 的一部分进行发布的，相对于 LocationManager，LocationClient 可以用更低的能耗、更高的精度获取设备位置，因此新的应用开发建议使用 LocationClient。

类 LocationClient 通过连接 Android 系统的位置服务，实现获取设备当前位置、设备位置改变及趋近指定区域被通知的功能。类 LocationClient 位于 com.google.android.gms.location 包下，该包在 Google Play Service SDK 中，并不在 Android SDK 中，该类中的主要方法如表 9-3 所示。

表 9-3　　　　　　　　　　类 LocationClient 中的主要方法

| 方法 | 说明 |
| --- | --- |
| public LocationClient(Context context, GooglePlayServicesClient.ConnectionCallbacks connectionCallbacks, GooglePlayServicesClient.OnConnectionFailedListener connectionFailedListener) | 创建 LocationClient 对象，同时设置了连接上时的回调和连接失败时的监听器 |
| public void connect() | 连接到系统位置服务 |
| public void disconnect() | 关闭到系统位置服务的连接 |
| public void requestLocationUpdates(LocationRequest request, LocationListener listener) | 注册位置改变监听器 LocationListener，并设置了触发条件 LocationRequest |
| public void removeLocationUpdates(LocationListener listener) | 删除位置改变监听器 |
| public Location getLastLocation() | 返回设备的最新位置 |

（1）创建 LocationClient 对象时，需要在构造方法的第二个参数中设置 ConnectionCallbacks 回调，以便连接上系统位置服务时，可以在回调方法中基于该连接做进一步处理。接口 ConnectionCallbacks 是 com.google.android.gms.common 包下 GooglePlayServicesClient 接口的内部类，接口 ConnectionCallbacks 中的抽象方法如表 9-4 所示。

表 9-4　　　　　　　　　　接口 ConnectionCallbacks 中的抽象方法

| 方法 | 说明 |
| --- | --- |
| public abstract void onConnected(Bundle connectionHint) | 当连接上位置服务时被调用 |
| public abstract void onDisconnected() | 关闭到位置服务的连接时被调用 |

　　LocationClient 构造方法的第三个参数设置了连接位置服务失败时的监听器，以便连接失败时，可以解决错误重新连接。接口 OnConnectionFailedListener 是 com.google.android.gms.common 包下 GooglePlayServicesClient 接口的内部类，接口 OnConnectionFailedListener 中的抽象方法如表 9-5 所示。

表 9-5　　　　　　　　　接口 OnConnectionFailedListener 中的抽象方法

| 方法 | 说明 |
| --- | --- |
| public abstract void onConnectionFailed(ConnectionResult result) | 当连接位置服务失败时被调用，可根据参数 result 中的错误代码解决错误 |

　　（2）LocationClient 的方法 requestLocationUpdates()用于注册位置改变监听器 LocationListener，当设备位置改变时，其会收到发自 LocationClient 的位置信息。方法的第一个参数通过类 LocationRequest 设置了触发条件，即位置改变满足设置条件时，监听器 LocationManager 才被触发。类 LocationRequest 位于 com.google.android.gms.location 包下，该类的主要方法如表 9-6 所示。

表 9-6　　　　　　　　　　类 LocationRequest 中的主要方法

| 方法 | 说明 |
| --- | --- |
| public static LocationRequest create() | 创建一个 LocationRequest 对象 |
| public LocationRequest setPriority(int priority) | 设置定位的精度或能耗 |
| public LocationRequest setInterval(long millis) | 设定了监听位置改变的时间间隔，单位为毫秒 |
| public LocationRequest setFastestInterval(long millis) | 设定了能处理位置改变的最小时间间隔，单位为毫秒 |
| public LocationRequest setSmallestDisplacement (float meters) | 设定了监听位置改变的最小距离间隔，单位为米 |

　　创建 LocationRequest 对象应调用其静态方法 create()，方法 setPriority()通常设置参数为常量 PRIORITY_HIGH_ACCURACY，即使用高精度的定位技术。方法 setInterval()设置的间隔并不精确，即可能在小于 setInterval()设置的间隔内获得位置改变通知，因此方法 setFastestInterval()设置了应用所能处理改变的最小时间间隔。

　　方法 requestLocationUpdates()的第二个参数指定了位置改变监听器 LocationListener。接口 LocationListener 位于 com.google.android.gms.location 包下，该接口中的抽象方法如表 9-7 所示。

表 9-7　　　　　　　　　　接口 LocationListener 中的抽象方法

| 方法 | 说明 |
| --- | --- |
| public abstract void onLocationChanged(Location location) | 当设备位置改变时被调用 |

　　实现接口 LocationListener 关键在于实现方法 onLocationChanged()，当设备位置改变时，该方法将被系统回调，并传入 Location 类型的参数代表新的位置信息，因此利用该方法可实现追踪用户移动路线的功能。

（3）LocationClient 的方法 getLastLocation()的返回值为表示当前位置信息的 Location 实例，类 Location 位于 android.location 包下，该类中的主要方法为 getLatitude()和 getLongitude()，其分别返回了 double 类型的纬度和经度。

必须在调用方法 connect()成功之后，即 LocationClient 实例连接上位置服务后，才可调用方法 requestLocationUpdates()与 getLastLocation()。长时间不需要位置服务时，应调用方法 disconnect()关闭连接以节省电源，而再需位置服务时，可调用方法 connect()再连接位置服务。

## 9.1.4 安装 Google Play Services SDK

类 LocationClient 位于 com.google.android.gms.location 包下，该包在 Google Play Services SDK 中，因此首先要通过 SDK Manager 下载 Google Play Services SDK（如图 9-3 所示），下载前务必保证 SDK Manager 已经升级到了最新版本。

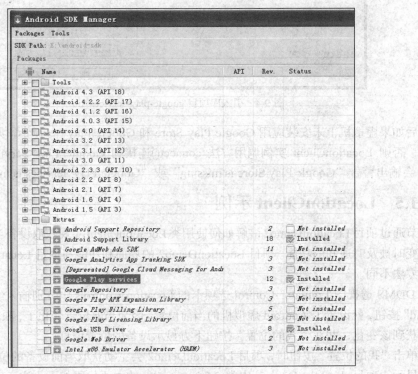

图 9-3　下载 Google Play Services SDK

下载完成后，Google Play Services SDK 以库项目的形式存放在<android-sdk>/extras/google/google_play_services/libproject/google-play-services_lib/目录下，需要用 Eclipse 将其导入到开发者的工作空间。在 Eclipse 里面选择 File > Import > Android > Existing Android Code Into Workspace 后单击"Next"按钮，再在对话框中单击"Browse…"按钮，定位到路径<android-sdk-folder>/extras/google/google_play_services/libproject/google-play-services_lib，单击 Finish 将项目库导入到工作空间。

接下来需要在开发者的项目中引入库项目，在开发者项目的"Properties"对话框中，选中 Android，在 Android 页面的 Library 里面单击"Add"按钮加入库项目 google-play-services_lib（如图 9-4 所示）。

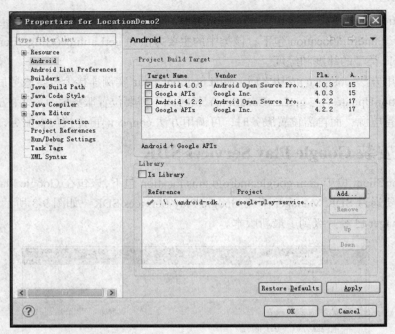

图 9-4　引入库项目 google-play-services_lib

最后如果虚拟机上未安装应用 Google Play Store 和 Google Play Services，则需下载安装这两个应用，否则 LocationClient 实例调用方法 connect()连接到 Google Play Services 时会失败，且 LogCat 会输出警告"Google Play Store is missing"或"Google Play Services is missing"。

### 9.1.5　LocationClient 示例

本节通过项目 LocationDemo2 讲解如何使用类 LocationClient 实现获取设备当前位置以及设备位置改变时被及时通知的功能。项目 LocationDemo2 的界面和功能与项目 LocationDemo 一样，只是实现方法不同。

在 DDMS 透视图 Emulator Control 选项卡的 Location Controls 中分别输入经度和纬度，再单击"Send"按钮，就设置了 Android 虚拟机的当前位置。因为当前位置变化了，项目 LocationDemo2 就会捕获到该变化，并在"我的位置"按钮下方显示设备的位置信息。

当单击"我的位置"按钮时，项目 LocationDemo2 会主动获取当前设备的位置信息并以 Toast 的形式显示。项目 LocationDemo2 中类 MainActivity 的主要代码如下，注意项目需引入库项目 google-play-services_lib。

```java
public class MainActivity extends Activity {
    private static final String TAG = "MainActivity";
    private TextView locationText;
    private LocationClient locationClient;
    private LocationRequest locationRequest;
    private MyLocationListener mLocationListener;

    @Override
    protected void onCreate(Bundle savedInstanceState) {
        super.onCreate(savedInstanceState);
        setContentView(R.layout.activity_main);
```

```java
            locationText = (TextView)findViewById(R.id.locationText);

            locationClient = new LocationClient(this,new MyConnectionCallback(),new MyConnectionFailedListener());
                locationRequest = LocationRequest.create()
                        .setPriority(LocationRequest.PRIORITY_HIGH_ACCURACY)
                        .setInterval(5000)
                        .setFastestInterval(2000);
            mLocationListener = new MyLocationListener();
        }

        @Override
        protected void onStart() {
            super.onStart();
            locationClient.connect();
        }

        @Override
        protected void onStop() {
            if (locationClient.isConnected()) {
                locationClient.removeLocationUpdates(mLocationListener);
            }
            locationClient.disconnect();
            super.onStop();
        }

        public void onClick(View v) {
            if (locationClient.isConnected()) {
                Location location = locationClient.getLastLocation();
                if(location!=null){
                    Toast.makeText(this, "当前位于纬度: " + location.getLatitude()+", 经度: " + location.getLongitude(), Toast.LENGTH_LONG).show();
                }else{
                    Toast.makeText(this, "无法获取当前位置", Toast.LENGTH_LONG).show();
                }
            }
        }

        private class MyConnectionCallback implements GooglePlayServicesClient.ConnectionCallbacks{
            @Override
            public void onConnected(Bundle connectionHint) {
                Log.d(TAG, "onConnected()");
                locationClient.requestLocationUpdates(locationRequest, mLocationListener);
            }
            @Override
            public void onDisconnected() {
                Log.d(TAG, "onDisconnected()");
            }
        }

        private class MyConnectionFailedListener implements GooglePlayServicesClient.OnConnectionFailedListener{
            @Override
            public void onConnectionFailed(ConnectionResult result) {
```

```
            Log.d(TAG, "onConnectionFailed()");
        }
    }

    private class MyLocationListener implements LocationListener{
        @Override
        public void onLocationChanged(Location location) {
            locationText.setText("当前位于纬度: " + location.getLatitude()+", 经度: " + location.getLongitude());
        }
    }
}
```

在 onCreate()中创建了 LocationClinet 对象,创建时注册了连接上时的回调 MyConnectionCallback 和连接失败时的监听器 MyConnectionFailedListener。在类 MyConnectionCallback 中,重写了方法 onConnected(),在该方法中调用 requestLocationUpdates()设置了触发条件 LocationRequest 实例且注册了位置改变监听器 MyLocationListener,类 MyLocationListener 实现了接口 LocationListener 并重写了方法 onLocationChanged()。当设备位置改变满足触发条件时,方法 onLocationChanged() 会被系统回调,方法的参数 location 即为设备的最新位置信息。

接下来在 onCreate()中创建了 LocationRequest 实例,并以消息链调用方法 setPriority()设置采用高精度的定位,调用方法 setInterval()设置监听位置改变的时间间隔为 5 秒,调用方法 setFastestInterval()设定了所能处理改变的最小时间间隔为 2 秒。

在 onStart()中调用了 LocationClient 实例的方法 connect()连接了位置服务,该调用的成功会触发 MyConnectionCallback 实例的方法 onConnected()被调用,在方法 onConnected()中注册了位置改变监听器。在 onStop()中删除了位置改变监听器,关闭了到位置服务的连接。

在"我的位置"按钮的事件处理方法 onClick()中,在确认已连接到位置服务后,调用方法 getLastLocation()获取到设备的当前位置信息,并用 Toast 显示了该位置的纬度和经度。

最后还需在 AndroidManifest.xml 文件中加入以下标签以获得访问定位设备的权限。

```
<uses-permission android:name="android.permission.ACCESS_FINE_LOCATION"/>
<uses-permission android:name="android.permission.ACCESS_COARSE_LOCATION"/>
```

## 9.2 地图

### 9.2.1 GoogleMap 简介

开发 Android 地图应用所需的最关键的类就是 GoogleMap,类 GoogleMap 位于 com.google.android.gms.maps 包下,其可自动连接谷歌地图服务,下载地图数据并显示,该类中的主要方法如表 9-8 所示。

表 9-8　　　　　　　　　　　类 GoogleMapt 中的主要方法

| 方法 | 说明 |
| --- | --- |
| public final Circle addCircle(CircleOptions options) | 在地图上绘制一个圆 |
| public final Marker addMarker(MarkerOptions options) | 在地图上绘制一个标记 |
| public final Polygon addPolygon(PolygonOptions options) | 在地图上绘制一个多边形 |

续表

| 方法 | 说明 |
|---|---|
| public final Polyline addPolyline(PolylineOptions options) | 在地图上绘制折线 |
| public final void clear() | 清除地图上的所有绘制内容 |
| public final void setMapType(int type) | 设置地图的类型，如行政图、卫星图 |
| public final void setMyLocationEnabled(boolean enabled) | 使能地图上"我的位置"按钮 |
| public final void moveCamera(CameraUpdate update) | 修改地图的中心、缩放等 |

类 GoogleMap 是实现地图相关功能的入口点，其可以设置地图的外观、视点、类型等，用其可在地图上绘制图形，可定制用户与地图的交互方式以及处理用户在地图上的动作事件。另外不能用 new 操作符直接创建 GoogleMap 对象，因为地图是放置在 MapFragment 上的，所以应调用 MapFragment 对象的方法 getMap() 获取。

### 9.2.2 申请 API Key

为了追踪开发者应用对谷歌 API 服务的访问信息，谷歌要求使用 Map API 访问地图服务要在应用的 AndroidManifest.xml 文件中加入 API Key，因此基于 Google Maps Android API v2 开发应用必须申请 API Key。谷歌已停止了 v1 API Key 的申请，之前申请的 v1 API Key 不能应用于 v2 项目，接下来讲解申请过程。

（1）获取证书指纹。申请 API Key 需要开发者计算机的证书指纹和应用的包名两项信息，在 Eclipse 里面选择 Windows > Preferences > Android > Build 即可获得开发者计算机的证书指纹。如图 9-5 所示，"Default debug keystore"文本框中的路径即为数字证书的存储位置，"MD5 fingerprint"和"SHA1 fingerprint"文本框中分别是证书的 MD5 指纹和 SHA1 指纹，申请 v2 API Key 需要的是 SHA1 指纹。

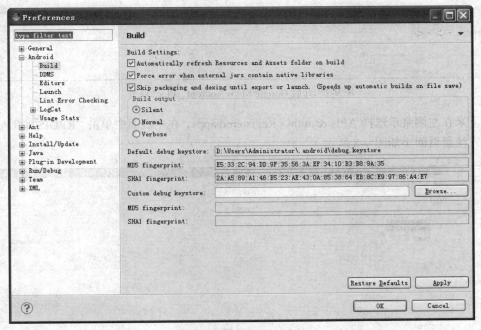

图 9-5 获取证书指纹

（2）申请 API Key。申请 API Key 需要用 Gmail 账号访问 Google APIs Console（https://code.google.com/apis/console），登录后界面如图 9-6 所示，单击"API Project"进入该项目。

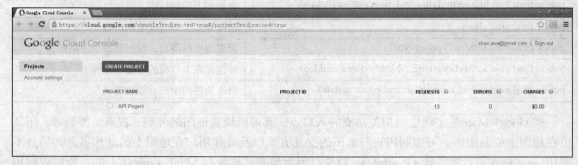

图 9-6　Google APIs Console

进入项目后，在左侧菜单中选择 APIs & auth > APIs，在主页面的 API 列表中，滚动到 Google Maps Android API v2，单击其"OFF"按钮以开启该服务（如图 9-7 所示）。

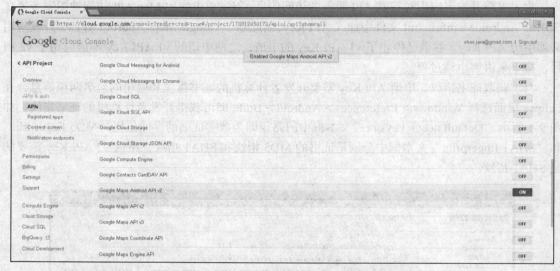

图 9-7　开启 Google Maps Android API v2 服务

接下来在左侧菜单选择 APIs & auth > Registered apps，在主页面中单击"REGISTER APP"按钮以进入注册页面（如图 9-8 所示）。

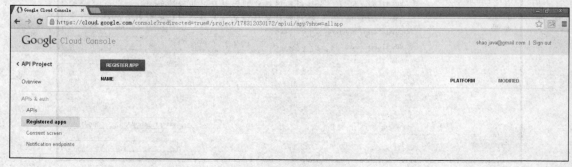

图 9-8　进入注册应用页面

进入注册应用页面后，在 Name 文本框输入应用名（如图 9-9 所示），在 Platform 中选 Android > Accessing APIs directly from Android，在 Package name 文本框输入应用的包名，在 SHA1 fingerprint 文本框输入 SHA1 指纹，单击 Register 按钮进入结果页面。

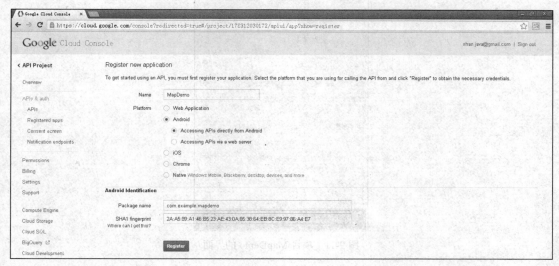

图 9-9　注册应用

在结果页面单击"Android Key"，在展开页面的 API KEY 下方的 40 个字符即为申请到的 API key（如图 9-10 所示）。

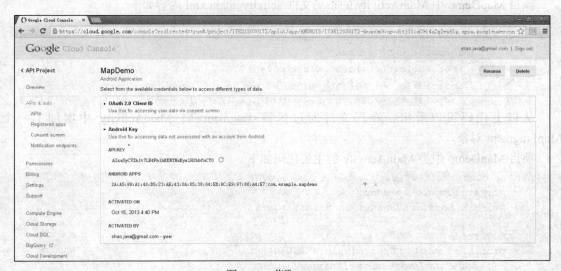

图 9-10　获取 API Key

API Key 唯一地标识了一个 Android 应用，由于每台开发计算机的调试证书不同，每个应用的包名也不同，因此当更换开发计算机或创建新应用时，应该申请新的 API Key。

### 9.2.3　GoogleMap 示例

本节通过项目 MapDemo 讲解如何实现一个最简单的 Android 地图应用，项目 MapDemo 的界面如图 9-11 所示。

图 9-11　项目 MapDemo 的界面

在 DDMS 透视图 Emulator Control 选项卡的 Location Controls 中分别输入经度和纬度，再单击"Send"按钮，就设置了 Android 虚拟机的当前位置。当单击"我的位置"按钮时，项目中的地图会自动定位到经度和纬度所标识的位置。

项目 MapDemo 中 MainActivity 的布局文件 activity_main.xml 内容如下。

```xml
<?xml version="1.0" encoding="utf-8"?>
<fragment xmlns:android="http://schemas.android.com/apk/res/android"
        android:id="@+id/map"
        android:layout_width="match_parent"
        android:layout_height="match_parent"
        android:name="com.google.android.gms.maps.MapFragment"/>
```

从以上代码可以看出，布局文件通过标签<fragment>向 MainActivity 中增加了一个 MapFragment 对象。

项目 MapDemo 中类 MainActivity 的主要代码如下。

```java
public class MainActivity extends Activity {
    private GoogleMap mMap;
    private LocationManager locationManager;

    @Override
    protected void onCreate(Bundle savedInstanceState) {
        super.onCreate(savedInstanceState);
        setContentView(R.layout.activity_main);

        mMap = ((MapFragment)getFragmentManager()
.findFragmentById(R.id.map)).getMap();
                mMap.setMyLocationEnabled(true);
    }
}
```

方法 onCreate() 中通过调用 getFragmentManager().findFragmentById() 获取到 MainActivity 上的 MapFragment 对象，方法的参数为布局文件中标签<fragment>的资源 id。然后调用了 MapFragment

对象的方法 getMap()，获取到了对象中的 GoogleMap 对象。最后调用了 GoogleMap 对象的方法 setMyLocationEnabled()使地图上的"我的位置"按钮可见且可用。

为了保证项目 MapDemo 能正常地运行，还需在项目的文件 AndroidManifest.xml 中加入一些权限和 API Key。文件 AndroidManifest.xml 内容如下。

```xml
<?xml version="1.0" encoding="utf-8"?>
<manifest xmlns:android="http://schemas.android.com/apk/res/android"
    package="com.example.mapdemo"
    android:versionCode="1"
    android:versionName="1.0" >

    <uses-sdk
        android:minSdkVersion="15"
        android:targetSdkVersion="15" />

    <uses-permission android:name="android.permission.INTERNET"/>
    <uses-permission android:name="android.permission.ACCESS_NETWORK_STATE"/>
    <uses-permission android:name="android.permission.WRITE_EXTERNAL_STORAGE"/>
    <uses-permission  android:name="com.google.android.providers.gsf.permission.READ_GSERVICES"/>

    <uses-permission android:name="android.permission.ACCESS_COARSE_LOCATION"/>
    <uses-permission android:name="android.permission.ACCESS_FINE_LOCATION"/>

    <application
        android:allowBackup="true"
        android:icon="@drawable/ic_launcher"
        android:label="@string/app_name"
        android:theme="@style/AppTheme" >
        <activity
            android:name="com.example.mapdemo.MainActivity"
            android:label="@string/app_name" >
            <intent-filter>
                <action android:name="android.intent.action.MAIN" />
                <category android:name="android.intent.category.LAUNCHER" />
            </intent-filter>
        </activity>
        <meta-data
           android:name="com.google.android.maps.v2.API_KEY"
           android:value="AIzaSyCVZh1t7LE4Fh1hKKNTNzKyxlH2bbfnCY0"/>
    </application>

</manifest>
```

在文件中依次加入了下载地图的 INTERNET 权限和 ACCESS_NETWORK_STATE 权限、缓存地图于外部存储设备的 WRITE_EXTERNAL_STORAGE 权限、访问 Google 服务的 READ_GSERVICES 权限、访问定位设备的 ACCESS_COARSE_LOCATION 和 ACCESS_FINE_LOCATION 权限。最后在</application>标签前加入了标签<meta-data>设置了 API Key，谷歌 Map 服务会依据该 API Key 验证可否访问谷歌地图数据。

因为类 GoogleMap 和 MapFragment 都在 Google Play Services SDK 中，所以项目要通过编译，还需在项目中引入库项目 google-play-services_lib。

### 9.2.4 标记与画线

本节通过项目 MapDemo2 讲解如何在地图上添加标记和画线,项目 MapDemo2 的界面如图 9-12 所示。

图 9-12 项目 MapDemo2 的界面

项目中添加了两个标记以标识地点,单击标记会显示该地点的信息。项目中还绘制了三条直线,以标识两个标记地点间的道路。

项目 MapDemo2 中 MainActivity 的布局文件 activity_main.xml 内容如下:

```xml
<?xml version="1.0" encoding="utf-8"?>
<fragment xmlns:android="http://schemas.android.com/apk/res/android"
    xmlns:map="http://schemas.android.com/apk/res-auto"
    android:id="@+id/map"
    android:layout_width="match_parent"
    android:layout_height="match_parent"
    android:name="com.google.android.gms.maps.MapFragment"
    map:cameraTargetLat="34.742706"
    map:cameraTargetLng="113.603415"
    map:cameraZoom="14"/>
```

布局文件中的标签<fragment>用属性 map:cameraTargetLat 和 map:cameraTargetLng 设置了地图中心点的纬度和经度,用属性 map:cameraZoom 设置了地图的放大倍数。

项目 MapDemo2 中类 MainActivity 的主要代码如下,注意项目需引入库项目 google-play-services_lib。

```
public class MainActivity extends Activity {
    private GoogleMap mMap;

    @Override
```

```java
    protected void onCreate(Bundle savedInstanceState) {
        super.onCreate(savedInstanceState);
        setContentView(R.layout.activity_main);
        mMap=((MapFragment)getFragmentManager().findFragmentById(R.id.map)).getMap();
        setupMap();
    }

    private void setupMap() {
        mMap.addMarker(new MarkerOptions()
                        .position(new LatLng(34.746664,113.589651))
                        .title("中原工学院软件学院"));
        mMap.addMarker(new MarkerOptions()
                        .position(new LatLng(34.735652,113.610882))
                        .title("儿童公园")
        .icon(BitmapDescriptorFactory.defaultMarker(BitmapDescriptorFactory.HUE_GREEN)));

        PolylineOptions options = new PolylineOptions()
                        .width(5)
                        .color(Color.BLUE)
                        .add(new LatLng(34.747431,113.589651))
                        .add(new LatLng(34.747484,113.603436))
                        .add(new LatLng(34.736358,113.603329))
                        .add(new LatLng(34.736376,113.610882));
        mMap.addPolyline(options);
    }
}
```

添加标记与画线的功能在方法 setupMap()中实现，添加标记应调用 GoogleMap 对象的方法 addMarker()，该方法接收 MarkerOptions 类型的参数。类 MarkerOptions 代表一个标记，其方法 position()通过接收 LatLng 类型的参数表明该标记在地图上的纬度和经度，其方法 title()设置标记被单击时显示的标题，方法 icon()设置了标记的图标。添加第二个标记时，通过类 BitmapDescriptorFactory 的静态方法 defaultMarker()将图标设置为缺省图标，颜色定位为绿色（缺省为红色）。

画线即添加折线，应调用 GoogleMap 对象的方法 addPolyline()，该方法接收 PolylineOptions 类型的参数。类 PolylineOptions 代表一个折线，其方法 add()通过接收 LatLng 类型的参数增加了一个纬度和经度坐标点，方法 width()设置了折线线宽，方法 color()设置了折线颜色。当调用方法 addPolyline()将 PolylineOptions 实例添至地图时，系统将按照被加入的顺序连接 PolylineOptions 实例中的点并绘制出折线。

### 9.2.5　GoogleMap 应用——足迹追踪

本节通过项目 TrackDemo 讲解如何实时追踪用户的移动轨迹，并在地图同步地显示用户的移动路线，项目 TrackDemo 的界面如图 9-13 所示。

该项目的目的在于讲解如何结合定位 API 来应用 GoogleMap，因此只实现了追踪用户移动路线的最基本的功能。项目 TrackDemo2 中类 MainActivity 的主要代码如下，注意项目需引入库项目 google-play-services_lib。

图 9-13 项目 TrackDemo 的界面

```java
    public class MainActivity extends Activity {
        private static final String TAG = "MainActivity";
        private GoogleMap mMap;
        private PolylineOptions polylineoptions;
        private LocationClient locationClient;
        private LocationRequest locationRequest;
        private MyLocationListener mLocationListener;

        @Override
        protected void onCreate(Bundle savedInstanceState) {
            super.onCreate(savedInstanceState);
            setContentView(R.layout.activity_main);

            mMap=((MapFragment)getFragmentManager().findFragmentById(R.id.map)).getMap();
            mMap.setMapType(GoogleMap.MAP_TYPE_SATELLITE);

            locationClient = new LocationClient(this,new MyConnectionCallback(),new MyConnectionFailedListener());
            locationRequest = LocationRequest.create()
                            .setPriority(LocationRequest.PRIORITY_HIGH_ACCURACY)
                                .setInterval(5000)
                                .setFastestInterval(2000);
            mLocationListener = new MyLocationListener();

            polylineoptions = new PolylineOptions()
                            .width(5)
                            .color(Color.RED);

            locationClient.connect();
        }
```

```java
        @Override
        protected void onDestroy() {
                if (locationClient.isConnected()) {
                locationClient.removeLocationUpdates(mLocationListener);
                }
                locationClient.disconnect();
            super.onDestroy();
        }

        private class MyConnectionCallback implements GooglePlayServicesClient.ConnectionCallbacks{
            @Override
            public void onConnected(Bundle connectionHint) {
                Log.d(TAG, "onConnected()");
                Location loc = locationClient.getLastLocation();
                if(loc!=null){
                    mMap.moveCamera(CameraUpdateFactory.newLatLng(new LatLng(loc.getLatitude(),loc.getLongitude())));
                }
                locationClient.requestLocationUpdates(locationRequest, mLocationListener);
            }

            @Override
            public void onDisconnected() {
                Log.d(TAG, "onDisconnected()");
            }
        }

        private class MyConnectionFailedListener implements GooglePlayServicesClient.OnConnectionFailedListener{
            @Override
            public void onConnectionFailed(ConnectionResult result) {
                Log.d(TAG, "onConnectionFailed()");
            }
        }

        private class MyLocationListener implements LocationListener{
            @Override
            public void onLocationChanged(Location location) {
                LatLng latLng = new LatLng(location.getLatitude(),location.getLongitude());
                polylineoptions.add(latLng);
                mMap.clear();
                            mMap.addPolyline(polylineoptions);
                mMap.moveCamera(CameraUpdateFactory.newLatLng(latLng));
            }
        }
    }
```

在 onCreate()中获取到 GoogleMap 对象后,调用方法 setMapType()将地图设置为卫星地图。接下来创建 LocationClient 对象,并注册了连接监听器 MyConnectionCallback 和连接失败监听器 MyConnectionFailedListener。其后创建了 LocationRequest 实例,以消息链调用方法 setPriority()设置为高精度的定位,调用方法 setInterval()设定监听位置改变的时间间隔为 5 秒,调用方法 setFastestInterval()设定了能处理改变的最小时间间隔为 2 秒。然后创建了标识用户移动路线的

PolylineOptions 对象，并设置了线宽和颜色。最后调用了 LocationClient 对象的方法 connect()以连接位置服务，该调用的成功会触发 MyConnectionCallback 实例的方法 onConnected()被调用，在方法 onConnected()中注册了位置改变监听器。在 onDestroy()中删除了位置改变监听器，关闭了到位置服务的连接。

在类 MyConnectionCallback 中，重写了方法 onConnected()，在该方法中首先调用方法 getLastLocation()获取到设备当前位置，再调用 moveCamera()将地图的中心移动到该位置。最后调用 requestLocationUpdates()设置了触发条件 LocationRequest 实例且注册了位置改变监听器 MyLocationListener。

类 MyLocationListener 实现了接口 LocationListener 并重写了方法 onLocationChanged()。当设备位置改变满足触发条件时，方法 onLocationChanged()会被系统回调，方法的参数 location 即为设备的最新位置信息。在 onLocationChanged()中，调用了 Polylineoptions 对象的方法 add()添加了新的移动位置点，之后调用 GoogleMap 对象的方法 clear()清除了地图上以前绘制的图形，然后调用方法 addPolyline()加入了包含所有的移动位置点的 Polylineoptions 对象以绘制移动路线。最后通过方法 moveCamera()将地图中心点移到了新的移动位置。

## 9.3 小结

本章讲解了 Android 系统中最吸引人的特性——定位和地图，通过本章的学习可以发现开发基于位置服务（LBS）的 Android 应用并没有想象中那么困难。本章基于 Google 于 2013 年发布的 Google Maps Android API v2 而讲解，学习完本章内容后，再学习百度地图 API 的开发，也会很快掌握。

## 习　题

1. 智能手机可以用 GPS、WiFi 和移动网络实现定位技术，简述各种定位技术的特点。
2. 扩展本章项目 TrackDemo，实现对用户移动路线的按名存储和按名查询功能。

# 第 10 章
# 应用调试与发布

本章介绍了 Android 应用开发过程中常用的一些程序调试方法，具体包括 Eclipse 平台自带调试工具的使用，利用 Log 类结合 LogCat 视图的调试方法，利用 Toast 提示信息调试程序的方法以及使用 DDMS 透视图平台调试程序的方法。最后还介绍了发布 Android 应用的详细过程及要点。

## 10.1  使用 Eclipse 开发平台调试

任何集成开发平台都有调试程序的方法，Eclipse 工具也不例外。Eclipse 的调试技术主要包括设置断点、查看变量值、查看当前堆栈等。

### 10.1.1  设置断点

与普通 Java 程序一样，为 Android 程序设置断点的方法是右击相应语句最左侧显示各种提示符号的列区域，并在弹出菜单中选择"Toggle Breakpoint"（如图 10-1 所示）。也可以通过"Run"菜单中的"Toggle Breakpoint"功能实现，不同的是后一种方法需要先将编辑光标放置在断点所在的语句行中。

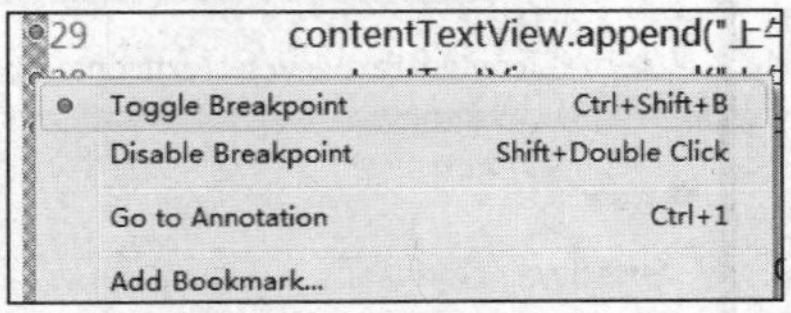

图 10-1  设置断点

设置断点后相应的语句行前会出现一个蓝色圆点，就如图 10-1 中该菜单项左侧的图标一样，再次点击该菜单项则清除断点。最快速的设置、清除断点的方法是双击相应行最左侧的操作区。

如果不想清除断点但又不想其阻断程序执行，可以采取停用断点的方式。停用断点的方法是对断点执行图 10-1 中的"Disable Breakpoint"命令，用鼠标的操作方法是按住 Shift 键并双击断点图标。停用的断点标记为空心圆，使用相同的操作可以再次启用该断点。

### 10.1.2  调试程序

断点设置完成后即可按"调试"方式运行相应的程序，方法是在左侧"Package Explorer"中右击相应的项目名称并在上下文菜单中选择"Debug As" > "Android Application"（如图 10-2 所示）。

说明：在左侧"Package Explorer"中选择相应项目后单击"工具栏"中的调试按钮 也可进入程序的调试运行状态。

在虚拟机或实体设备中以调试方式运行程序时，屏幕会快速闪过一个提示消息，就是提醒用户程序当前在以调试模式执行，之后会弹出程序界面。

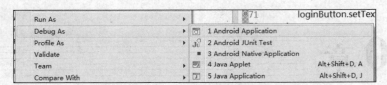

图 10-2　启动调试运行

### 10.1.3　排除与修改程序的错误

程序在调试模式时需运行在 Debug 透视图下，所以当首次遇到断点时会提示切换到 Debug 透视图，单击 Yes 将打开 Debug 透视图界面（如图 10-3 所示）。

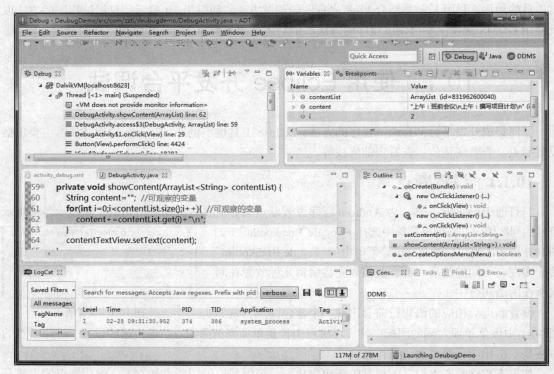

图 10-3　Debug 透视图

Debug 透视图中主要包括如下几个面板区域。

● **Debug 面板**：显示 Dalvik 虚拟机中运行的程序的调用堆栈信息及暂停的位置（每个进程信息后的行数）。

● **Variables 面板**：显示暂停状态下各对象或变量的状态信息。图 10-3 中所示为程序执行到某处时能够操纵的对象、变量及其状态。

● **Breakpoints 面板**：显示项目中所有断点的列表信息及各断点的可操作选项。通过面板上的 按钮可以清除某个选中的断点， 按钮清除所有的断点， 按钮停用所有断点。

● **编辑面板**：显示、编辑各种文件的文字内容，尤其重要的是源程序文件，在其中可以控制程序的调试执行过程。更重要的是，在调试状态下将鼠标悬停在对象或变量之上时，可以观察到变量或对象的信息,这通常比利用 Variables 更便捷。

● Outline 面板:显示的是大纲信息。对于 Java 文件显示的是包、类、成员及方法的大纲列表;而对于各种 XML 文件来说则显示 XML 描述的结构大纲。在大纲中点击则可以快速切换到该描述的定义位置。

● LogCat 面板:日志面板显示程序执行过程中产生的各种日志信息,也常在调试程序时使用,后面有专门介绍。

● Console 面板:即"控制台"面板。可以使用 System.out.println()之类的语句在该面板中输出信息,是普通 Java 程序最常用的调试面板。

程序调试的过程大致是,通过设置 Breakpoints 确定观察的关键位置,通过 Variables 观察对象或变量,通过 Breakpoints 控制各断点的状态,最后通过工具栏中的调试执行按钮执行程序,发现问题后修改程序以保证程序的逻辑正确。程序的调试执行方法有如下几种。

　　（快捷键 F5）:单步执行程序,遇到方法时进入。
　　（快捷键 F6）:单步执行程序,遇到方法时跳过。
　　（快捷键 F7）:单步执行程序,从当前方法跳出。
　　（快捷键 F8）:直接执行程序,直到下一个断点处停止。

若要结束调试过程必须执行菜单命令"Run">"Disconnect"或者单击工具栏中的 Disconnect 按钮　。如果未断开而再次运行或调试程序,就可能会出现启动多个虚拟机的情况。

以下作为练习而创建了一个 Android 项目,项目主界面中有两个按钮,单击相应按钮分别显示两组不同的信息,界面如图 10-4 所示。

编写程序、设置断点并调试运行程序,观察程序运行过程中各种状态变化的过程,以下为具体项目代码。代码中加入了一些注释内容,以方便初学者更好地理解调试过程中断点位置、观察对象等调试手段的具体应用。

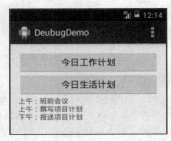

图 10-4　Debug 演示程序

```java
public class DebugActivity extends Activity {
    private ArrayList<String> contentList;
    private Button workButton;
    private Button lifeButton;
    private TextView contentTextView;

    protected void onCreate(Bundle savedInstanceState) {
        super.onCreate(savedInstanceState);
        setContentView(R.layout.activity_debug);
        workButton=(Button) findViewById(R.id.button1);
        lifeButton=(Button) findViewById(R.id.button2);
        contentTextView=(TextView) findViewById(R.id.textview1);

        workButton.setOnClickListener(new OnClickListener() {
            public void onClick(View v) {
                contentList=setContent(1);   //按F5调试进入方法
                showContent(contentList);
            }
        });
        lifeButton.setOnClickListener(new OnClickListener() {
```

```java
            public void onClick(View v) {
                contentList=setContent(2);   //按 F5 调试进入方法
                showContent(contentList);
            }
        });
    }
    private ArrayList<String> setContent(int index) {
        contentList=new ArrayList<String>();   //可观察的变量
        switch (index) {   //调试时观察 index
        case 1:    //调试时单步观察 contentList
            contentList.add("上午：班前会议");
            contentList.add("上午：撰写项目计划");
            contentList.add("下午：报送项目计划");
            break;
        case 2:    //调试时单步观察 contentList
            contentList.add("出门：带上午餐盒饭");
            contentList.add("中午：机场接朋友");
            contentList.add("下午：购买生活用品回家");
            break;
        default:
            break;
        }
        return contentList;
    }
    private void showContent(ArrayList<String> contentList) {
        String content="";   //可观察的变量
        for(int i=0;i<contentList.size();i++){   //可观察的变量
            content+=contentList.get(i)+"\n";
        }
        contentTextView.setText(content);
    }
}
```

## 10.2 利用 Log 类和 LogCat 视图调试

LogCat 负责收集系统的日志信息，其中包括抛出异常时的堆栈追踪信息，以及程序员利用 Log 类在程序中输出的信息。LogCat 可以通过 ADB 或 DDMS 来启动，以实时地读取各种输出信息。

### 10.2.1 Log 类

Log 类是一个日志类，利用该类可以在代码中输出信息到 LogCat 视图中。Log 类的通用日志方法如下。

v（String, String）：表示输出到 LogCat 中的是基本（Verbose）信息。
d（String, String）：表示输出到 LogCat 中的是调试（Debug）信息。

i（String, String）：表示输出到 LogCat 中的是提示（Information）信息。
w（String, String）：表示输出到 LogCat 中的是警告（Warning）信息。
e（String, String）：表示输出到 LogCat 中的是错误（Error）信息。
这五个方法输出的信息依次体现了其对应用程序的重要性，Verbose 信息是程序中最普通的信息，然后依次为 Debug 信息、Information 信息和 Warning 信息，对程序而言最重要或者说最严重的是 Error 信息，可能直接导致程序的异常终止。因此在程序设计时要根据重要程度利用 Log 类输出相应的日志信息，以方便追踪程序中潜在问题发生的位置。

Verbose 日志信息不会被编译进程序，只在开发过程中使用。Debug 日志信息虽然会编译进程序但正常运行程序时被忽略，只在调试运行模式下起作用。其他三类日志信息在程序中则始终起作用。

无论使用哪个方法输出日志信息，都有两种调用方法（以 Debug 日志为例）。
- public static int d（String tag, String msg）：发送一条 Debug 类型的日志消息。
- public static int d（String tag, String msg, Throwable tr）：发送一条 Debug 类型的日志消息并记录异常。

参数说明如下。
tag：用来指定发出日志的消息源，通常使用调用发生处的类或 Activity 作为其标识。
msg：显示在日志中的消息内容。
tr：显示在日志中的异常。

Activity 的生命周期中有创建（onCreate）、运行（onStart）、获取焦点（onResume）、失去焦点（onPause）、暂停（onStop）和销毁（onDestroy）6 个阶段，为了验证各阶段发生的时机及先后顺序，可以创建一个 Activity 并编写程序，利用 Log 类输出信息到 LogCat 视图中并观察运行的结果。具体代码如下。

```java
public class MainActivity extends Activity {
    final String TAG = "LifeCycle";

    protected void onPause() {
        super.onPause();
        Log.i(TAG, "Activity-->onPause");
    }

    protected void onRestart() {
        super.onRestart();
        Log.i(TAG, "Activity-->onRestart");
    }

    protected void onResume() {
        super.onResume();
        Log.i(TAG, "Activity-->onResume");
    }

    protected void onStart() {
        super.onStart();
        Log.i(TAG, "Activity-->onStart");
    }

    protected void onStop() {
        super.onStop();
```

```
        Log.i(TAG, "Activity-->onStop");
    }

    protected void onCreate(Bundle savedInstanceState) {
        super.onCreate(savedInstanceState);
        setContentView(R.layout.activity_main);
        Log.i(TAG, "Activity-->onCreate");
    }

    protected void onDestroy() {
        super.onDestroy();
        Log.i(TAG, "Activity-->onDestroy");
    }
}
```

## 10.2.2 LogCat 视图

LogCat 是 Android SDK 中一个通用的日志展示视图，在程序的运行过程中产生的日志信息都可以通过 LogCat 视图观察到。

LogCat 视图（如图 10-5 所示）既可以在 Java 透视图中打开，也可以在 Debug 透视图和 DDMS 透视图中打开。如果 LogCat 没出现在当前的透视图中，还可以手动通过"Window" > "Show view" > "Other" 找到并打开，注意 LogCat 是 Android SDK 的一种视图。

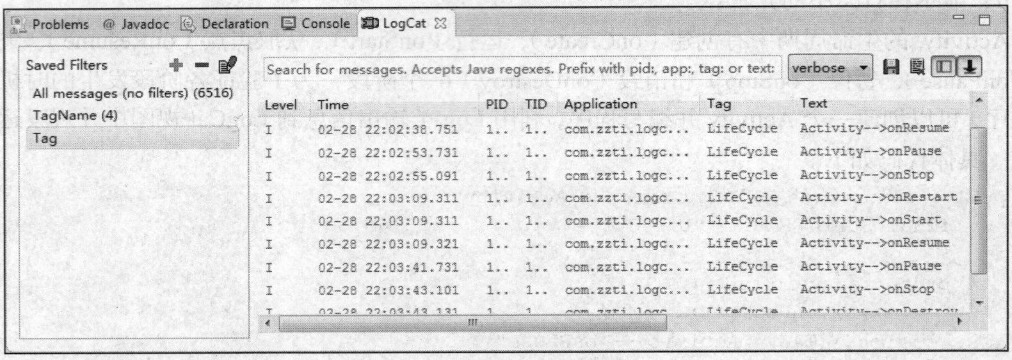

图 10-5　LogCat 视图窗口

对于 LogCat 视图窗口中的信息可以有选择地查看，最直观的方法是在其右上角的筛选列表 verbose 中确定信息的类型，筛选类型对应了 Log 类的五种信息输出方式。

V（Verbose）：显示所有类型的消息。

D（Debug）：显示 Debug、Information、Warning 和 Error 消息。

I（Information）：只显示 Information、Warning 和 Error 消息。

W（Warning）：只显示 Warning 和 Error 消息。

E（Error）：只显示 Error 消息。

在 LogCat 视图中只显示重要程度在指定级别以上的日志信息。对于 LogCat 视图中的日志信息可以点击 按钮保存起来，也可以点击 按钮清除。

除了使用上述基本方式筛选信息外，还可以通过 LogCat 左侧添加（ ）、删除（ ）和编辑（ ）过滤器来筛选输出信息。

在图 10-5 中所看到的结果就是使用了名为"Tag"的过滤器后的筛选结果，其规则很简单，就是用"by Log Tag"作为过滤条件过滤 Tag 是"LifeCycle"的信息。除此之外，还常用"by Application Name"设置过滤条件。

运行前面测试 Activity 生命周期的代码，在虚拟或真实设备上以启动程序、按 Home 键、再启动程序、按返回键的顺序测试程序，观察 LogCat 中的输出结果即可体会 Activity 生命周期的概念。

## 10.3　利用 Toast 类调试

Toast 的英文原意为吐司或烤面包。在 Android 程序中一个 Toast 就是一个提示信息视图，Toast 类用来创建和显示这样的视图。

Toast 用一个小弹出窗口提供一个简单的操作反馈，弹窗只占用文字所需的屏幕空间。Toast 视图从不接受焦点，而且当前的 Activity 依旧可见并具有交互能力。使用 Toast 的主要目的是在提供必要信息时尽可能不干扰用户的操作。例如在写 E-mail 时若未发送就离开，则触发"草稿已保存"（如图 10-6 所示）这样一个 Toast 以使操作者知道以后可以继续编辑。Toast 在超时后会自动消失，时长默认是 2 秒。

图 10-6　Toast 应用场景

### 10.3.1　Toast 的类常量和类方法

int LENGTH_LONG：用较长的时间来显示窗口或文本通知。

int LENGTH_SHORT：用较短的时间来显示窗口或文本通知。这是默认设置。

public static Toast makeText（Context context, CharSequence text, int duration）：创建一个只包含文本的标准 Toast 窗口。

public static Toast makeText（Context context, int resId, int duration）：用资源 ID（resId）所指向的文本创建一个只包含文本的标准 Toast 窗口。

### 10.3.2　Toast 的基本使用方法

使用 Toast 时，首先应调用 makeText()方法实例化一个 Toast 对象。该方法包含 3 个参数：应用程序的 Context，欲显示的文本信息，Toast 的持续时长。该方法会返回一个 Toast 对象，在该对象上调用 show()方法来使其显示。以下列出了创建并显示 Toast 视图的具体代码。

```
Context context = getApplicationContext();
CharSequence text = "Hello toast!";
int duration = Toast.LENGTH_SHORT;

Toast toast = Toast.makeText(context, text, duration);
toast.show();
```
还可以将上述代码的最后两行代码合并，采用如下方式显示 Toast 信息：
```
Toast.makeText(context, text, duration).show();
```
然而，如果使用者希望改变通告的显示位置，甚至希望使用布局来代替简单文本信息的显示方式，下面的内容将介绍如何实现。

### 10.3.3　Toast 通告信息的定位

Toast 通告的标准显示方式是显示在屏幕底部并水平居中，不过可以使用 setGravity（int, int, int）方法改变其位置。该方法接受三个参数：一个 Gravity 常量，一个 $x$ 坐标和一个 $y$ 坐标。

常用的 Gravity 常量有水平（LEFT、CENTER_HORIZONTAL、RIGHT）和垂直（TOP、CENTER_VERTICAL、BOTTOM）两组，另外还有一个正中央定位的 CENTER 常量。

使用者如果决定将 Toast 通告显示在左上角的位置，则可以使用如下语句。
```
toast.setGravity(Gravity.TOP|Gravity.LEFT, 0, 0);
```
在此基础上，如果希望位置再向右一些，增大第二个参数的值即可，同样增大第三个参数的值则可以使通告信息位置下移。也就是说第二、三两个参数仅在对位置进行微调时才使用。

### 10.3.4　Toast 视图的自定义

如果简单文本信息不满足需要，使用者可以为 Toast 通告创建自己的布局。创建自定义布局的方法是在 XML 或应用程序代码中定义一个 View 布局，然后传递该 View 对象给 setView（View）方法。如果想创建一个位于屏幕右侧的 Toast 视图，下面的 XML 描述即提供了参考。

```
<LinearLayout xmlns:android="http://schemas.android.com/apk/res/android"
              android:id="@+id/toast_layout_root"
              android:orientation="horizontal"
              android:layout_width="fill_parent"
              android:layout_height="fill_parent"
              android:padding="8dp"
              android:background="#DAAA"
              >
    <ImageView android:src="@drawable/droid"   //图片可自选
              android:layout_width="wrap_content"
              android:layout_height="wrap_content"
              android:layout_marginRight="8dp"
              />
    <TextView android:id="@+id/text"
              android:layout_width="wrap_content"
              android:layout_height="wrap_content"
              android:textColor="#FFF"
              />
</LinearLayout>
```

需要注意的是前面创建的 Layout 的名字是 toast_layout，而且 LinearLayout 布局元素的 ID 是"toast_layout_root"，必须使用上述 ID 修改该布局中的对象内容。具体过程可参考如下代码：

```
LayoutInflater inflater = getLayoutInflater();
View layout = inflater.inflate(R.layout.toast_layout,
        (ViewGroup) findViewById(R.id.toast_layout_root));

TextView text = (TextView) layout.findViewById(R.id.text);
text.setText("这是一个自定义的toast视图");

Toast toast = new Toast(getApplicationContext());
toast.setGravity(Gravity.CENTER_VERTICAL, 0, 0);
toast.setDuration(Toast.LENGTH_LONG);
toast.setView(layout);
toast.show();
```

这段代码显示的 Toast 视图如图 10-7 所示。

上述代码的执行过程是，首先使用 getLayoutInflater()（或 getSystemServices()）检索到 LayoutInflater，然后使用 inflate（int, ViewGroup）取得对 toast_layout 中布局对象的控制权，其中的第一个参数是布局资源的 ID，第二个参数是其中的根 View 的 ID。

使用 inflate（int, ViewGroup）将创建一个 View 对象，利用该 View 对象可以找到更多的布局中的 View 对象，然后找到 ImageView 和 TextView 元素并确定其内容。

最后，使用 Toast（Context）创建一个新的 Toast 对象并设置其属性，然后调用 setView（View）并将设置好内容的布局对象传递给它，最后调用 show()方法即可显示具有自定义布局的 Toast 对象。

图 10-7　自定义 Toast 视图

不要使用 Toast 的构造器，除非要使用 setView（View）自定义布局。如果没有可用的自定义布局，则必须使用 makeText（Context, int, int）来创建 Toast 对象。

## 10.4　利用 DDMS 透视图进行调试

DDMS（Dalvik Debug Monitor Server）是 Android ADT 自带的调试工具，它提供诸如设备屏幕捕捉、设备的线程与堆栈信息、LogCat、广播状态信息、来电及 SMS 模拟、位置模拟等的调试功能。

### 10.4.1　打开 DDMS

DDMS 既可以配合模拟器工作，也可以与实际设备协同工作，但如果两种设备均已连接并正在运行，则 DDMS 默认连接到模拟设备。

在 Eclipse 中 DDMS 是一种透视图，其打开方法是点击菜单"Window" > "Open Perspective" > "DDMS"，也可以单击 Eclipse 右上角的"Open Perspective"按钮切换到该透视图。还可以从命令行启动 DDMS，方法是在命令行窗口中键入命令 ddms 并回车，对于 Mac 或者 Linux 系统则需要键入./ddms。上述是在正确配置 path 环境变量的情况下，否则就需要先进入到 Android SDK 的 tools 目录下。

### 10.4.2　DDMS 与调试器的交互

Android 的每一个应用程序均运行于自己的进程中，而且每一个都有自己的虚拟机 VM。每个

VM 都有自己唯一的端口，调试器可以通过该端口与其连接。

  DDMS 启动时会连接到 adb，当一个设备连接后便会在 adb 和 DDMS 之间创建一个虚拟机监视服务，而当设备上的一个虚拟机启动或终止时 DDMS 会收到通知。一旦某个虚拟机进入运行状态，DDMS 将检索到该虚拟机的进程 ID（pid），通过设备上的 adb 的守护进程会同时开启一个与虚拟机调试器的连接，这样 DDMS 就能与虚拟机会话。

  DDMS 会为设备上的每个虚拟机指定一个调试端口，通常将第一个待调试的虚拟机指定到 8600 端口，之后的虚拟机指定为 8601，依次类推。当调试器连接到其中某个端口时，所有的传输内容都将从相关虚拟机转发到该调试器。一个调试器只能连接到一个端口，但 DDMS 却能管理和操纵多个已连接的调试器。

  默认情况下 DDMS 还监听另一个特殊的 8700 端口，该端口是一个转发端口，可以接收来自任何调试器端口的传输并将其转发给 8700 端口的调试器。这一特点可以让使用者连接一个调试器到 8700 端口，就可以调试设备上所有的虚拟机进程，转发的传输内容取决于 DDMS 设备视图中当前选择的进程。

  图 10-8 所示的是 Eclipse 中 DDMS 透视图的典型布局样式。注意图中加亮的进程"com.zzti.debugdemo"，该进程正在运行并且同时占用了 8700 端口和 8624 端口，这表示 DDMS 正在从 8624 端口转发数据到 8700 端口。

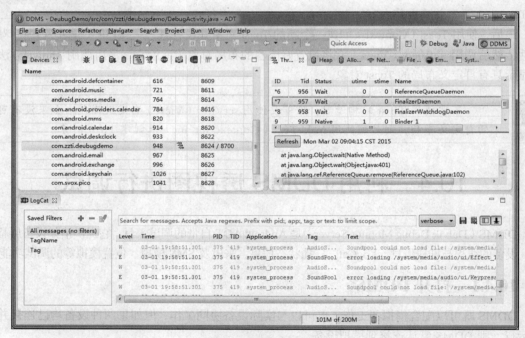

图 10-8 DDMS 透视图

### 10.4.3 使用 DDMS

  以下介绍了 DDMS 的使用方法，其中提到的各种标签和面板都在图 10-8 所示的 DDMS 透视图中。DDMS 的 Eclipse 版本与命令行版本在界面上会有些细小的差异，但功能是相同的。

  **1. 查看进程的堆栈使用情况**

  DDMS 允许使用者查看进程堆栈使用内存的情况，这一信息在追踪程序执行的某个时间点堆栈的使用情况时非常有用。查看进程堆栈使用情况的方法如下。

（1）在左上方"Devices"标签选择相应的进程。

（2）点击其旁边的"Update Heap"按钮开启进程堆栈信息。

（3）在右上方"Heap"标签中单击"Cause GC"调用垃圾回收机制，这会启用堆数据回收功能，而且操作完成后将会看到一组对象以及每种类型内存的分配情况。再次单击"Cause GC"可以刷新数据。

（4）单击列表中某一类型的对象将看到一个条型图，该图显示使用不同内存字节数的对象的数量。

2．跟踪对象的内存分配

DDMS 提供了一个特性用于跟踪即将分配内存的对象以及查看这组对象相关的类与线程。利用这一特性，当程序中执行某种特定操作时，可以实时跟踪对象所处的内存位置。这一信息对评估内存使用情况是否影响应用程序性能非常有帮助。跟踪对象内存分配情况的方法如下。

（1）在左上方"Devices"标签中选择相应进程。

（2）在右上方"Allocation Tracker"标签中单击"Start Tracking"按钮开始跟踪内存分配。此后应用程序中所有的操作都会被跟踪。

（3）单击"Get Allocations"按钮查看从单击"Start Tracking"按钮后完成内存分配的对象列表。再次单击"Get Allocations"按钮以便将新的分配内存的对象追加到列表的尾部。

（4）若要停止跟踪或要清除数据并重新开始，需单击"Stop Tracking"按钮。

（5）单击列表中的某一行可以看到更详细的信息，其中包括为对象分配内存方法和代码的行号。

3．访问模拟器或设备的文件系统

DDMS 中的"File Explorer"标签提供了查看、复制和删除设备文件的功能。这在检查由程序所创建的文件或者希望与设备交换文件时非常有用。访问模拟器或设备的文件系统的方法如下。

（1）在左上方"Devices"标签中选择相应的进程。

（2）若要从设备中复制文件，则先通过右上方"File Explorer"找到文件，然后单击其右侧的"拉"文件按钮。

（3）若要复制文件到设备中，单击"File Explorer"标签中的"推"文件按钮。

4．检查线程信息

DDMS 中的"Threads"标签显示的是选中的某个进程中正在运行的线程。查看线程信息的方法如下。

（1）在左上方"Devices"标签中选择相应的进程。

（2）单击"Devices"标签上方的"Update Threads"按钮。

（3）在右上方"Threads"标签中可以看到该进程中的线程信息。

5．进行方法分析

方法分析主要用来跟踪方法的调用信息，比如调用次数、执行时间以及执行方法的时间消耗等。如果希望更精细地控制在何处收集分析数据，则可以使用 startMethodTracing() 和 stopMethodTracing() 方法。

使用 DDMS 进行方法分析有如下的限制。

（1）Android 2.1 及更早的设备必须带有 SD 卡，而且应用程序必须拥有写 SD 卡的权限。

（2）Android 2.2 及以后的设备不必带有 SD 卡，追踪日志文件将直接输出到相应的开发设备。

方法分析的步骤如下。

（1）在左上方"Devices"标签中选择要执行方法分析的进程。

（2）点击"Start Method Profiling"按钮🔲。

（3）与应用程序进行交互以运行需要分析的方法。

（4）点击"Stop Method Profiling"按钮🔲，DDMS 会停止分析并打开 Traceview 视图，其中会显示方法分析的信息，这些信息是在开始、停止方法分析这段时间内收集到的。

### 6. 使用网络传输工具

Android 4.0 之后，DDMS 增加了"Network Statistics"标签以追踪应用程序发出的网络访问请求。使用该工具，可以监视应用程序传输数据方式和时间，还可以对底层代码进行适当的优化。使用者还可以在使用前为网络套接字指定不同的"tag"标记以区分不同的传输类型。这些"tag"标记会显示在 DDMS 的统计图表中，如图 10-9 所示，通过监视数据传输的频率以及每个连接过程中的数据传输量，可以找出造成较多电池消耗的应用程序。

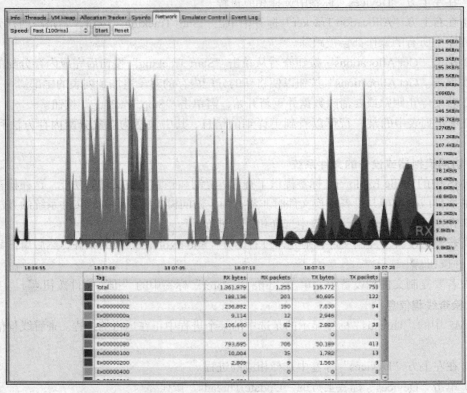

图 10-9　网络状态图

为了更好地找出影响传输的原因，可以使用 TrafficStats API 中的 setThreadStatsTag()为线程中的数据传输加标记，随后使用 tagSocket()和 untagSocket()手动标记（或取消标记）特定的套接字。下面是一段演示代码：

```
TrafficStats.setThreadStatsTag(0xF00D);
TrafficStats.tagSocket(outputSocket);
// 使用套接字传输数据
TrafficStats.untagSocket(outputSocket);
```

另一方面，Apache 的 HttpClient 和 URLConnection API 会根据活动标记自动标记套接字，而活动标记则可以调用 getThreadStatsTag()得到。当通过连接池回收时，这些 API 可以正确标记套接字或者取消标记。

以下代码中的 setThreadStatsTag()方法设置活动标记为 0xF00D，每一个线程只能有一个活动标记。活动标记的值可以通过 getThreadStatsTag()得到，因此 HttpClient 用其来标记套接字。finally 语句调用 clearThreadStatsTag()来清除该标记。

```
TrafficStats.setThreadStatsTag(0xF00D);
    try {
        // 使用 HttpClient.execute() 发出网络请求
    } finally {
        TrafficStats.clearThreadStatsTag();
    }
```

**7．模拟电话操作和位置**

DDMS 中的"Emulator Control"标签可以让使用者模拟电话或短信以及设置电话的地理位置。

（1）模拟电话或短信

在"Telephony Actions"部分可以模拟拨打电话和发送短信，这在测试程序应对来电和接收短信时非常有用，下面是具体的操作方法。

① 电话 Voice：在"Incoming number"中填写电话号码，然后单击"Call"以便向模拟器或电话发出模拟的呼叫。单击"Hang up"按钮以挂断电话。

② 短信 SMS：在"Incoming number"中填写电话号码并在"Message"区域中填写信息，然后点击"Send"按钮发送该信息。

（2）设置电话的地理位置

如果应用程序的功能与电话所在的地域有关，则可以通过 DDMS 向设备或 AVD 发送一个虚假的位置信息，这可以使开发者在一个固定的地域里测试面向不同地域的应用程序。以下是常用的地理位置类型。

① Manual：通过十进制或度分秒的形式表示经纬度，手动指定地理位置。
② GPX：使用 GPS 交换文件，是一种记录地标的文件格式。
③ KML：使用 KML（Keyhole Markup Language）文件，是另一种记录地标的文件格式。

## 10.5 发布 Android 应用

Android 应用必须发布才能被其他用户使用，发布 Android 应用要经历准备发布应用，规划应用程序版本，签名应用程序和确定发布方式几个阶段的工作。

### 10.5.1 准备发布应用

本阶段的工作主要是为创建一个用于发布的 APK 文件做准备，工作内容主要有收集材料和资源，配置应用程序，构建应用程序，准备外部服务器和资源，测试待发布的应用等。

**1．收集材料和资源**

需要收集的材料至少应该包括签名应用所需的密钥、应用程序的图标以及终端用户许可协议。

（1）密钥

密钥是应用程序的身份标识，表明该应用程序所属的个人、公司或组织机构。密钥不必经过权威机构认证，Android 系统允许开发者采用"自签名"认证的方式。

（2）应用程序图标

图标可以帮助用户简便快捷地识别不同的应用，图标的设计要醒目，当然其制作要遵循 Android 的相关规范。如果应用需要借助 Google Play 这样的平台发布，图标还必须制作成高分辨率的格式。

（3）终端用户许可协议（EULA）

终端用户许可协议有助于保护个人、组织机构的权益，也有利于保护知识产权，建议开发者为自己的应用程序准备一份。

**2. 配置应用程序**

在正式发布应用程序前，还需要对源代码、资源文件和 manifest 文件做少许的检查或修改。

（1）选择恰当的包名

确保所选的"包名"在软件的整个生命周期内都适用，因为一旦应用发布出去包名就不能再改变。

（2）关闭日志和调试选项

构建应用之前确保停用日志并且关闭调试功能。删除代码中的 Log 方法调用可以清除日志信息的输出。去除 manifest 文件中<application>标签中的 android:debuggable 属性描述可以关闭调试功能。同时记得清除工程中存在的日志文件或测试文件，这些文件可能是调试时使用或产生的。还要清除代码中的 Debug 跟踪调用，像之前 DDMS 方法分析中提到的 startMethodTracing()和 stopMethodTracing()方法调用。

（3）清理工程文件夹

使工程文件夹与 Android 的工程文件描述一致。文件的混乱会造成编译失败，甚至造成程序的行为异常。清理工作至少要完成如下几项：检查 jni、lib 以及 src 等文件夹中的内容；检查并清除应用程序中未用到的私有或专有的数据文件，比如 src 文件夹中的图片、布局等文件；检查并删除 lib 文件夹中无用的库文件；检查 assets 和 res\raw 文件夹中那些发布前需要更新或删除的文件；检查并更新 manifest 配置。

检查 manifest 文件中下列条目的设置是否正确。<uses-permission> 元素：确保仅赋于相关和需要的权限；android:icon 和 android:label 属性：这是必须要设置的属性；android:versionCode 和 android:versionName 属性：与版本控制有关，建议正确设置它们。

（4）更新用于服务器和服务的 URL

如果应用程序需要操作远程服务器或远程服务，确保使用的不是测试用的 URL。

（5）实现授权

如果通过 Google Play 发布需要付费的应用，可以考虑添加 Google Play 的授权支持。这不是必需的，但添加的好处是可以根据是否付费控制程序的使用。

**3. 构建应用程序**

完成配置后即可将应用程序构建为一个经过签名和优化的、待发布的 apk。JDK 中包含有签名工具，Android SDK 中包含有编译和优化工具。

（1）Eclipse 构建：使用 Eclipse 的导出向导可以构建用于发行的 apk 文件，构建的文件是经过私钥签名及优化的。

（2）Ant 构建：使用 Android SDK 中的 Ant 构建脚本同样可以完成相同的工作。

**4. 准备外部服务器和资源**

如果应用程序需要，请确保远程服务器安全、可靠并已配置为商业的用途。

**5. 测试待发布的应用**

测试的目的就是确保应用程序在真实的手机和网络环境中能正常运行。理想情况下，只需要在一台手机和一台平板设备上检验一下界面元素大小是否合适、应用程序的表现及耗电是否适当即可。

### 10.5.2　规划应用程序版本

规划应用程序版本包括两部分内容，一是确定应用程序的版本，再就是标明应用程序对系统 API 的要求。

**1. 设置应用程序版本**

在应用程序的 manifest 文件中，有两个属性用来控制应用程序的版本信息，发布前必须要正确地配置它们。

（1）android:versionCode：一个整数值，代表应用程序的版本代码，以区别于其他版本。其他应用程序可以获取并使用此版本值，比如确定新应用的安装是升级安装还是降级安装。该数值可以任意指定，但同一应用的新发布版本的代号一定要大于之前的版本。

（2）android:versionName：一个字符串值，表示应用的发行版本，该信息将显示给使用者。可以采用"<major>.<minor>.<point>"的字符串形式描述该版本信息，也可以采用任何绝对或相对的形式的版本标识方法。除了显示给用户外，该信息没有其他用途。

**2. 标明应用程序对系统 API 的要求**

如果应用程序对其运行的 Android 平台有要求，也需要在发布前明确指出。方法是修改应用程序的 manifest 文件并在其中添加<uses-sdk>元素，元素中包含如下几项描述。

（1）android:minSdkVersion：运行此应用的最低 API 版本要求。

（2）android:targetSdkVersion：创建应用时确定的目标 API 版本要求。

（3）android:maxSdkVersion：应用程序运行的最大 API 版本限制。

### 10.5.3　签名应用程序

Android 系统中安装的应用都必须有数字证书签名，签名证书的私钥掌握在应用的开发者手中。关于数字签名的要点如下。

- 所有应用必须签名才能使用。
- 对测试和调试的应用，Android SDK 会用一个特殊的调试钥来构建应用。
- 对要发布的应用必须用适当的私钥为其签名。
- 可以使用自签名证书为应用签名，不需要权威认证。
- 签名的过期检查只在安装应用时进行，使用中不检查。
- Keytool 和 Jarsigner 工具的功能分别是生成私钥和为应用签名。
- 签名后的应用可以使用 zipalign 工具进行优化。

（1）签名过程

应用的构建模式有调试模式和发布模式两种，所以签名也分两种不同情况。

在调试模式下，Android SDK 的构建工具利用 Keytool 创建一个调试钥，然后由 Jarsigner 为应用签名。在发布模式下，需要使用开发者自己的私钥来签名应用，没有私钥的开发者可以使用 Keytool 工具为自己创建。调试模式下的签名过程是后台自动完成的，而发布模式下的签名过程是手动完成的。

（2）调试模式下的签名

主要是为了方便开发、调试应用程序，同时又要满足 Android 系统必须要为应用签名的要求。需要的签名文件及相关信息是自动调用 Keytool 工具产生的，签名的过程也是自动完成的。重要的是创建 keystore 和 key 使用的是预先定好的名字和密码。

```
Keystore name: "debug.keystore"
Keystore password: "android"
Key alias: "androiddebugkey"
Key password: "android"
CN: "CN=Android Debug,O=Android,C=US"
```

这些设置可以通过 Eclipse 中"Windows">"Preferences">"Android">"Build"的设置而改变。

（3）发布模式下的签名

如果使用 Eclipse 加 ADT 插件的方式进行开发，则通过导出向导可以完成编译、签名和优化等所有的工作。导出向导甚至允许开发者在导出过程中生成新的 keystore 和私钥。其创建签名和优化 APK 的过程如下。

在 Eclipse 左侧"Package Explorer"中选择某个工程，然后点击菜单"File">"Export"。

在图 10-10 中选择"Export Android Application"并单击"Next"。

在图 10-11 所示对话框中再次确认要导出的工程并单击"Next"。

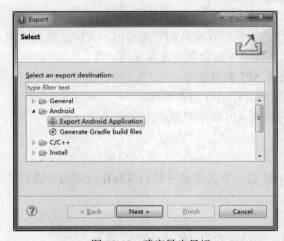

图 10-10　确定导出目标

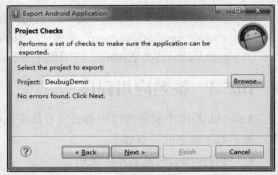

图 10-11　确认要导出的工程

图 10-12 是用来指定签名证书（keystore 文件）的对话框，如果有就用"Browse"浏览找到并使用，如果没有就创建新的证书。其中创建的位置和密码由开发者自己确定。完成后单击"Next"继续。

通过图 10-13 所示对话框来创建签名用的私钥，其中顶部四项必须要填写，下面填写一项即可。单击"Next"继续。

图 10-14 所示为导出的最后一个步骤，确定 APK 的存放位置，确定后单击"Finish"即完成导出的整个工作。

第 10 章 应用调试与发布

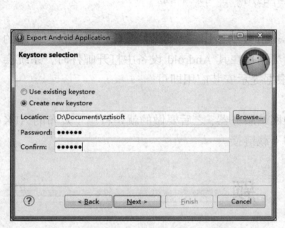

图 10-12 选择证书文件

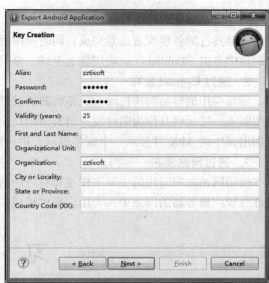

图 10-13 创建 Key

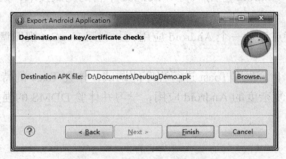

图 10-14 确定 APK 存放位置

以上演示了发布前制作发布版 APK 的过程，其中重要的是图 10-13 和图 10-14 所展示的创建签名的过程，签名证书也可以使用相应工具单独制作。

## 10.5.4 确定发布方式

Android 应用有若干种发布途径。通常将应用通过 Google Play 这样的应用市场发布，当然也可以将应用放置在开发者自己的网站上发布，甚至直接发送给其他用户。

**1. 通过 App 市场发布**

如果希望应用程序尽量广泛传播，通过像 Google Play 这样的 App 市场发布应用是理想的选择。Google Play 是最早的 Android 应用市场，当希望发布的应用程序面向全球的受众时更显得尤为重要。在 Google Play 上发布应用是一个简单的过程，只需要三步就可以完成。

（1）准备促销材料

要充分利用其影响力，发布者需要准备好屏幕截图、视频、图片及文字等宣传材料。

（2）配置一些选项并上载资源

通过配置不同的 Google Play 设置，开发者可以选择发布到哪些国家，希望使用的语言清单，在每个国家的收费标准等。配置好各种选项后，还可以上载宣传材料，至此应用程序就草拟完成。

（3）公布应用程序的发行版本

一旦发行的各项配置设置完成，同时应用程序已经上载并准备发布给大众，只需要在开发者控制台中点击"Publish"后应用就会上线，全世界的用户都可以下载。

### 2. 通过 E-mail 发布

发布应用最容易和快捷的方式是将其通过 E-mail 发送给用户。要做的工作就是准备了应用的发布版本，然后将其作为附件发送给其他用户。当用户在其 Android 设备中打开邮件时，系统会识别出其中的 APK 并显示一个安装提示，用户根据提示安装应用即可。

### 3. 通过网站发布

使用网站发布应用的主要工作是要有可用的网站服务器，之后要做的就是将用于发布的 APK 文件放置到服务器的网站中并为用户提供相应的下载链接。

## 习　题

1. 设计一个简单的 Android 应用，利用 Eclipse 平台的调试技术，调试该应用并观察各对象及变量的运行状态。
2. 根据 Log 类的特点设计一个 Android 应用，并利用 LogCat 视图调试程序。通过调试掌握 LogCat 的调试方法。
3. 在习题 2 的基础上，改用 Toast 进行程序的调试，体会 Toast 的特点。
4. 调试一个有一定复杂度的 Android 应用，学习并体验 DDMS 的强大功能。

# 第 11 章
# 综合应用设计与开发

蓝牙（Bluetooth）是一种支持设备间短距离通信（一般 10m 内）的无线通信技术。能在包括移动电话、无线耳机、笔记本电脑等设备间进行无线信息交换。利用"蓝牙"技术，能够有效地简化移动通信终端设备之间的通信，从而使数据传输变得更加迅速高效。蓝牙采用分散式网络结构以及快跳频和短包技术，支持点对点及点对多点通信，其工作频段是全球通用的 2.4GHz ISM（即工业、科学、医学）频段。

Android 对于蓝牙开发从 2.0 版本的 SDK 才开始支持，而且模拟器并不支持，测试至少需要两部真实手机，所以制约了很多技术人员的开发。本章的案例将利用蓝牙点对点通信的功能，设计一款简单的聊天工具，实现两个移动设备之间的近距离通信。

## 11.1 需求分析

本章案例工具的软件需求从以下几个方面进行描述。
（1）业务需求
蓝牙设备间可以进行数据传输功能，这其中就包括文字、图像、语音等诸多的内容。本章案例即是选择 Android 手机的蓝牙通信功能，实现 Android 移动设备间的聊天通信。
（2）用户需求
站在用户的角度，软件应当满足聊天所必需具备的特征：发起、接受或参与聊天，查看聊天信息内容，对敏感信息的保密处理等。这些要求都是一个聊天软件的基本需求。
（3）功能性需求
根据以上前提，作为一款聊天工具，应用必须满足如下的功能特点。
① 发起聊天请求并建立聊天连接。在软件启动时开启蓝牙设备，并能设置蓝牙设备名以及搜索和连接附近的其他蓝牙设备，然后建立聊天连接。
② 发送、接收聊天文字信息。发送聊天的文字信息是必须具备的基本功能。
③ 发送、接收聊天图片信息。在聊天过程中能发送诸如表情符之类的图像信息明显可以增加软件的使用体验。
④ 对敏感信息的保护措施。考虑到在公共场合使用的实际情况，聊天过程中的一些私密信息应当能够得到保护。
⑤ 自主结束聊天。当软件终止时应当及时关闭蓝牙设备，以达到节能和安全目的。

（4）非功能性需求

在硬件条件满足的情况下，软件应当能自动适应 Android 平台下的不同类型的移动设备并能正常使用。

## 11.2　界面设计

聊天应用的核心主界面主要是聊天界面和设备搜索界面（如图 11-1 所示）。

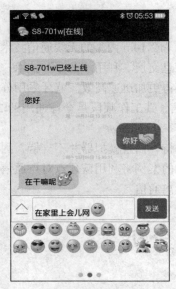
（a）聊天界面

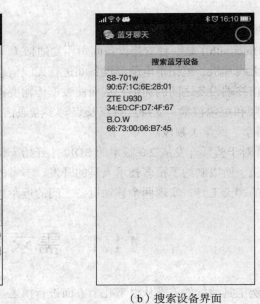
（b）搜索设备界面

图 11-1　用户界面设计

（1）聊天界面

如图 11-1（a）所示是程序启动后首先显示出的界面，启动后会自动打开本机的蓝牙设备。该界面中包含两个软件菜单项，"选择周围用户"用于搜索本机附近的蓝牙设备，显示蓝牙设备列表并准备连接；"设置本机名称"用于修改本机蓝牙设备的名称，该名称也是聊天时自己的昵称。

界面最下方有三个界面组件，从左到右依次为"表情符号"选择组件、输入"聊天文字信息"文本框和"发送"按钮。

建立聊天连接后发送的聊天信息将显示在列表组件中，每条信息包含发送时间和所发送的文字信息两项内容。时间信息居中显示，对方发送的信息左对齐显示，己方发送的信息右对齐显示。

在界面的制作布局中，上方采用 ListView 对象显示所有的聊天记录，最下方从左到右依次布置一个 ImageView 对象用于打开表情选择视图，一个 EditText 对象用于输入聊天信息，一个 Button 对象用于发送聊天信息。聊天界面布局文件的主要代码如下，为控制篇幅省略了一些对象属性的描述。

```xml
<?xml version="1.0" encoding="utf-8"?>
<LinearLayoutxmlns:android="http://schemas.android.com/apk/res/android"
    android:id="@+id/root"
    android:layout_width="match_parent"
```

```
        android:layout_height="match_parent"
        android:orientation="vertical" >
    <LinearLayout
        android:id="@+id/topPanel"
        android:layout_width="match_parent"
        android:layout_height="match_parent"
        android:orientation="vertical" >
        <ListView
            android:id="@+id/listView1"
            android:layout_width="match_parent"
            android:layout_height="match_parent"
            ……>
        </ListView>
        <LinearLayout
            android:id="@+id/inputLayout"
            android:layout_width="match_parent"
            android:layout_height="wrap_content"
            ……
            android:orientation="horizontal" >
            <ImageView
                android:id="@+id/emotionBtn"
                android:layout_width="wrap_content"
                android:layout_height="wrap_content"
                …… />
            <EditText
                android:id="@+id/inputEdit"
                android:layout_width="wrap_content"
                android:layout_height="wrap_content"
                android:ems="10"
                ……>
                <requestFocus />
            </EditText>
            <Button
                android:id="@+id/sendBtn"
                android:layout_width="wrap_content"
                android:layout_height="wrap_content"
                …… />
        </LinearLayout>
    </LinearLayout>
</LinearLayout>
```

（2）搜索设备界面

如图 11-1（b）所示为蓝牙设备搜索界面，该界面简单地通过一个按钮提供搜索附近蓝牙设备的功能，再用一个列表对象显示搜索到的设备。搜索到的每个设备均显示蓝牙设备名称和蓝牙设备 MAC 地址两项信息，其中的蓝牙设备名称可以通过"设置本机名称"来修改。界面布局代码如下。

```
<LinearLayoutxmlns:android="http://schemas.android.com/apk/res/android"
    xmlns:tools="http://schemas.android.com/tools"
    android:id="@+id/LinearLayout1"
    android:layout_width="match_parent"
    android:layout_height="match_parent"
```

```
        android:orientation="vertical"
        tools:context=".SelectDevice" >
    <Button
        android:id="@+id/scanBtn"
        android:layout_width="match_parent"
        android:layout_height="wrap_content"
        android:text="@string/scan_button_text" />
    <ListView
        android:id="@+id/devList"
        android:layout_width="match_parent"
        android:layout_height="wrap_content" >
    </ListView>
</LinearLayout>
```

## 11.3　模块设计

如图 11-2 所示，该聊天应用具体包括主控模块、界面控制模块、设备管理模块、消息处理模块、任务管理模块、声音控制模块、通知机制模块 7 个部分。

（1）主控模块。主控模块主要用来管理系统中的蓝牙硬件设备，同时调度其他功能模块实现程序的所有功能。

（2）界面控制模块。该模块用来完成各种界面对象的绘制。主要的界面对象有聊天信息列表、表情符面板、信息输入及发送相关的界面对象，此外还有与软件设置及设备管理相关的一些弹窗对象等。

（3）设备管理模块。设备管理模块主要用于蓝牙设备的状态管理。

（4）消息处理模块。消息处理模块主要实现聊天消息的打包、发送及接收等功能。

图 11-2　程序功能模块

（5）任务管理模块。任务管理模块主要完成聊天过程中双方交互状态的管理。

（6）声音控制模块。声音控制模块实现聊天消息发送、接收时的声音提醒功能。

（7）通知机制模块。通知机制实现聊天过程中的各种状态反馈。

## 11.4　程序设计

### 1. 文件结构与用途

蓝牙聊天项目的目录结构可用图 11-3 说明，图 11-3（a）所示为项目中的类文件，图 11-3（b）所示为项目中用到的布局文件，项目中用到的表情符图片放置在"drawable-hdpi"目录中，声音文件放置在"raw"目录，此处不再列图显示。

项目 BluetoothChatTool 的程序文件及说明如表 11-1 所示。本项目中最重要的文件是蓝牙聊天项目的主类 ChatActivity.java、设备选择类 SelectDevice.java 和蓝牙任务监听类 TaskService.java 这 3 个，项目的任务流程也主要体现在这 3 个类当中。以下的叙述将围绕本应用的核心流程部分给出分析解释，具体细节可参考随书附带的源代码。

第 11 章 综合应用设计与开发

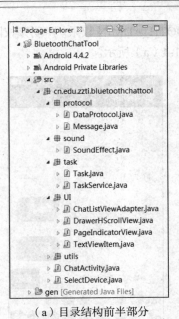 

（a）目录结构前半部分　　　　　　（b）目录结构后半部分

图 11-3　项目 BluetoothChatTool 的目录结构

表 11-1　　　　　　　　　　项目 BluetoothChatTool 的程序文件及说明

| 包名称 | 文件名 | 说明 |
| --- | --- | --- |
| .protocol | Message.java | 消息实体封装类 |
|  | DataProtocol.java | 消息的处理机制，主要包括消息的封装与还原 |
| .sound | SoundEffect.java | 发送或接收消息时产生声音效果的类 |
| .task | Task.java | 蓝牙通信过程中的任务描述类 |
|  | TaskService.java | 蓝牙通信过程中的监听服务类 |
| .UI | ChatListViewAdapter.java | 自定义的聊天信息适配器 |
|  | DrawerHScrollView.java | 表情符水平滚动描述类 |
|  | PageIndicatorView.java | 表情符换页指示描述类 |
|  | TextViewItem.java | 单项聊天信息的显示方式描述类 |
| .utils | Utils.java | 新消息通知描述类 |
|  | ChatActivity.java | 蓝牙聊天项目的主 Activity |
|  | SelectDevice.java | 搜索并选择蓝牙连接的 Activity |

### 2. 声明蓝牙权限

使用蓝牙设备必须在 AndroidManifest.xml 配置文件中声明权限请求，声明权限的方式是：

```
<manifest……>
    ……
    <uses-permission android:name="android.permission.BLUETOOTH" />
    <uses-permission android:name="android.permission.BLUETOOTH_ADMIN" />
    ……
</manifest>
```

BLUETOOTH 权限允许蓝牙连接操作，包括请求连接、接受连接及传输数据。如果应用程序需要初始化或改变蓝牙设置，则必须同时声明 BLUETOOTH_ADMIN 权限。声明该权限后的应用程序在启动时会看到是否允许开启蓝牙的提示，如图 11-4（a）所示。

（a）请求蓝牙设备界面　　　　　　　　　　　（b）等待连接界面

图 11-4　蓝牙权限及连接等待

### 3. 主控制 Activity（ChatActivity.java）的控制流程

图 11-5 所列的是主 Activity 的主要处理流程，除此之外大量的代码是与绘制界面视图、监听器设置、连接及消息管理等相关。

图 11-5　主类的控制流程

（1）检测蓝牙

检查本机的蓝牙设备是否存在，如果无此类硬件则程序就没有继续运行的必要。

```
// 本机蓝牙设备
private BluetoothAdapter mBluetoothAdapter;
……
// 检查本机蓝牙设备是否存在
mBluetoothAdapter = BluetoothAdapter.getDefaultAdapter();
if (mBluetoothAdapter == null) {
```

```
            Toast.makeText(this, "该设备没有蓝牙设备", Toast.LENGTH_LONG).show();
            return;
        }
```

**（2）绘制界面**

该过程牵涉大量的代码，此处不一一列出具体内容，仅对涉及的相关方法的功能做个陈述。

如图 11-1（a）所示，程序的界面主要由聊天信息列表、表情符列表这两个复杂视图构成。聊天信息列表由 ListView 组件结合一个自定义的适配器实现，自定义的适配器由 ChatListViewAdapter.java 来描述。表情符列表通过调用 initEmoView()方法来完成初始化任务，该方法通过使用 emo_layout.xml 布局文件完成表情符视图的初始化工作。滚动条组件的使用比较复杂，实际使用中可以仅以 GridView 组件实现表情符的添加。图 11-6 所示为表情面板的初始化流程。

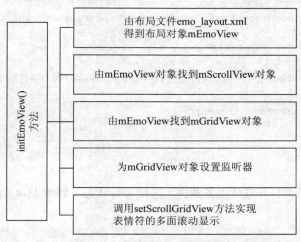

图 11-6　表情面板的初始化流程

**（3）组件监听器**

在界面绘制完成后，为各组件设置事件监听器。

```
mInput = (EditText) findViewById(R.id.inputEdit);
// 输入框的事件监听器
mInput.setOnClickListener(new android.view.View.OnClickListener() {
    public void onClick(View v) {
        // 点击输入框后，隐藏表情，显示输入法
        showEmoPanel(false);
        InputMethodManager imm = (InputMethodManager) getSystemService(Context.INPUT_METHOD_SERVICE);
        imm.showSoftInput(mInput, 0);
    }
});
mSendBtn = (Button) findViewById(R.id.sendBtn);
mEmoButton = (ImageView) findViewById(R.id.emotionBtn);
mSendBtn.setOnClickListener(this);  // 设置监听事件，"发送"按钮
mEmoButton.setOnClickListener(this); // 设置监听事件，输入聊天表情按钮
```

"发送"按钮和"表情"按钮事件监听的 onClick()方法。

```
public void onClick(View v) {
    if (v == mSendBtn) { // 当点击"发送"按钮时
        String msg = mInput.getText().toString().trim();
```

```
            TaskService.newTask(new Task(mHandler, Task.TASK_GET_REMOTE_STATE,
                null));
        if (msg.length() == 0) {
            showToast("聊天内容为空");
            SoundEffect.getInstance(ChatActivity.this).play(SoundEffect.SOUND_ERR);
            return;
        }
        // 将发送消息任务提交给后台服务
        TaskService.newTask(new Task(mHandler, Task.TASK_SEND_MSG,
            new Object[] { msg }));
            showOwnMessage(msg);
            mInput.setText("");
    } else if (v == mEmoButton) {  // 当点击表情符按钮时，关闭输入法
        InputMethodManagerimm = (InputMethodManager) getSystemService(Context.INPUT_METHOD_SERVICE);
        imm.hideSoftInputFromWindow(mInput.getWindowToken(), 0);
        if (isShowEmo) {
            showEmoPanel(false);   //调用showEmoPanel()方法控制表情视图
        } else {
            showEmoPanel(true);
        }
    }
}
```

（4）监听等待

在界面绘制完成后，打开蓝牙设备并进入连接等待状态（如图 11-4（b）所示），等待其他蓝牙设备的连接。

```
// 打开蓝牙设备
if (!mBluetoothAdapter.isEnabled()) {
    Intent enableBtIntent = new Intent(
            BluetoothAdapter.ACTION_REQUEST_ENABLE);
    startActivityForResult(enableBtIntent, REQUES_BT_ENABLE_CODE);
} else {
    // 如果蓝牙设备已经开启，则直接以服务器端的方式启动后台服务
    startServiceAsServer();
}
```

### 4. 设备搜索 Activity（SelectDevice.java）

在主控制 Activity（ChatActivity.java）中点击"Menu"键并单击"选择周围用户"菜单，则打开"设备搜索 Activity"（如图 11-1（b）所示）。

```
publicbooleanonOptionsItemSelected(MenuItem item) {
    switch (item.getItemId()) {
    case 1: // 扫描周边的蓝牙设备
        startActivityForResult(new Intent(this, SelectDevice.class),
                REQUES_SELECT_BT_CODE);
        break;
    case 2: // 设置蓝牙设备名
        ......
    }
    returnsuper.onOptionsItemSelected(item);
}
```

设备搜索 Activity（SelectDevice.java）的操作流程如图 11-7 所示。

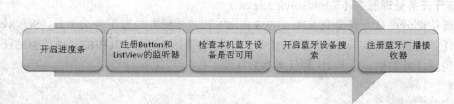

图 11-7　设备搜索操作流程

```
protected void onCreate(Bundle savedInstanceState) {
    super.onCreate(savedInstanceState);
    //请求显示进度条
    requestWindowFeature(Window.FEATURE_INDETERMINATE_PROGRESS);
    setContentView(R.layout.bluetooth_device_list);
    //点击列表时配对蓝牙设备
    mDevList = (ListView) findViewById(R.id.devList);
    mDevList.setOnItemClickListener(this);
    //点击按钮时搜索蓝牙设备
    mScanBtn = (Button) findViewById(R.id.scanBtn);
    mScanBtn.setOnClickListener(this);
    //用于蓝牙设备列表的适配器对象
    adapter = new ArrayAdapter<String>(this, android.R.layout.simple_list_item_1,
            mArrayAdapter);
    mDevList.setAdapter(adapter);
    mBluetoothAdapter = BluetoothAdapter.getDefaultAdapter();
    if (mBluetoothAdapter == null) { return;}
    if (!mBluetoothAdapter.isEnabled()) {
        Intent enableBtIntent = new Intent(BluetoothAdapter.ACTION_REQUEST_ENABLE);
        startActivityForResult(enableBtIntent, 21);
    }else{
        findDevice();
    }
    // 处理两种类型的广播：1-发现新的蓝牙设备；2-扫描完成。
    IntentFilter filter = new IntentFilter(BluetoothDevice.ACTION_FOUND);
    filter.addAction(BluetoothAdapter.ACTION_DISCOVERY_FINISHED);
    // 注册 BroadcastReceiver 广播接收器对象
    // 用来接收扫描到的蓝牙设备信息
    registerReceiver(mReceiver, filter);
}
```

当单击"搜索"按钮时，调用蓝牙设备的 startDiscovery()方法开始搜索，同时显示进度条以指示搜索状态。广播接收器会处理搜索过程中找到的蓝牙设备，并将设备信息更新显示到 ListView 组件中。

当单击 ListView（蓝牙设备列表）时，被单击的设备对象将保存到 Intent 中，并将该 Intent 作为结果交还给主调用 Activity，然后结束当前的 Activity。

```
public void onItemClick(AdapterView<?> arg0, View arg1, int arg2, long arg3) {
    Intent data = new Intent();
    data.putExtra("DEVICE", mDeviceList.get(arg2));
    setResult(RESULT_OK, data);
```

```
        this.finish();
    }
```

**5. 蓝牙任务处理服务（TaskService.java）**

蓝牙通信部分由蓝牙任务封装类（Task.java）和蓝牙任务处理服务类（TaskService.java）组成。蓝牙任务封装类封装了 8 种不同的任务，在本程序中仅使用了其中的几种类型的任务。任务信息内容包括任务句柄、任务 ID 和任务参数 3 项。

```java
public class Task {
    //八种任务类型
    public static final int TASK_START_ACCEPT = 1;  //请求等待蓝牙连接（作为服务器）
    public static final int TASK_START_CONN_THREAD = 2;  //请求连接远程蓝牙设备（作客户端）
    public static final int TASK_SEND_MSG = 3;  //发送消息
    public static final int TASK_GET_REMOTE_STATE = 4;  //获得远程设备状态
    public static final int TASK_RECV_MSG = 5;  //接收到聊天消息
    public static final int TASK_RECV_FILE = 6;  //接收到文件
    public static final int TASK_SEND_FILE = 7;  //发送文件
    public static final int TASK_PROGRESS = 8;  //进度条控制

    // 任务相关信息
    private Handler mH;
    privateintmTaskID;
    public Object[] mParams;

    public Task(Handler handler, inttaskID, Object[] params){
        this.mH = handler;
        this.mTaskID = taskID;
        this.mParams = params;
    }

    public Handler getHandler(){
        returnthis.mH;
    }

    publicintgetTaskID(){
        returnmTaskID;
    }
}
```

蓝牙任务处理服务类（TaskService.java）用于处理蓝牙设备间的通信。当用户搜索并选择了蓝牙设备返回后，在主 Activity（ChatActivity.java）的 onActivityResult()方法中创建任务并选择以客户端或服务器端的身份建立蓝牙连接。

```java
protected void onActivityResult(intrequestCode, intresultCode, Intent data) {
    if (requestCode == REQUES_BT_ENABLE_CODE &&resultCode == RESULT_OK) {
        //作为服务器端方式启动后台蓝牙服务
        startServiceAsServer();
    } else if (requestCode == REQUES_SELECT_BT_CODE
                &&resultCode == RESULT_OK) {
        mRemoteDevice = data.getParcelableExtra("DEVICE");
        if (mRemoteDevice == null)
            return;
        //提交连接用户选择的设备对象，自己作为客户端
```

```
            TaskService.newTask(new Task(mHandler, Task.TASK_START_CONN_THREAD,
                new Object[] { mRemoteDevice }));
    }
    super.onActivityResult(requestCode, resultCode, data);
}
```

6. 消息的发送与接收（TaskService.java）

消息的发送与接收与 Message.java、DataProtocol.java 和 TaskService.java 三个类有关。其中 Message.java 为消息实体封装类，用于描述消息的构成；DataProtocol.java 是协议类，主要完成信息的打包、解包工作。

后台服务类 TaskService.java 是重点完成通信任务的类。蓝牙连接建立后，服务将启动一个独立的任务管理线程来处理通信任务。

（1）当在主 Activity 中发送消息时创建新的任务。

```
public void onClick(View v) {
    if (v == mSendBtn) { // 当单击"发送"按钮时
        String msg = mInput.getText().toString().trim();
        TaskService.newTask(new Task(mHandler, Task.TASK_GET_REMOTE_STATE,
                null));
        ……
        // 将消息封装到任务中，并提交给后台服务
        TaskService.newTask(new Task(mHandler, Task.TASK_SEND_MSG,
                new Object[] { msg }));
        showOwnMessage(msg);    //调用自定义的方法：显示本机发出的消息
        mInput.setText("");
    }
    ……
}
```

（2）后台服务线程在发现有新任务时进行处理

```
public void run() {
    Task task;
    while (isRun) {
        if (mTaskList.size() > 0) {// 有任务
            synchronized (mTaskList) {
                task = mTaskList.get(0);  // 获得第一个任务并开始执行
                doTask(task);    //处理任务
            }
        } else {
            try {
                Thread.sleep(200);
                mCount++;
            } catch (InterruptedException e) {
            }
            ……
        }
    }
}
```

doTask()方法具体负责根据不同的任务类型来处理任务，包括蓝牙连接任务和消息发送任务。doTask()在消息处理过程中还要利用 Handler 的机制适时更新 UI 的内容。

```
private void doTask(Task task) {
```

```
            switch (task.getTaskID()) {
            caseTask.TASK_START_ACCEPT:
                //作为服务器，等待客户端连接的线程
                mAcceptThread = new AcceptThread();
                mAcceptThread.start();
                isServerMode = true;
                break;
            caseTask.TASK_START_CONN_THREAD:
                //作为客户端连接
                if (task.mParams == null || task.mParams.length == 0) {break;}
                BluetoothDevice remote = (BluetoothDevice) task.mParams[0];
                mConnectThread = new ConnectThread(remote);
                mConnectThread.start();
                isServerMode = false;
                break;
            caseTask.TASK_SEND_MSG:
                booleansucess = false;
                if (mCommThread == null || !mCommThread.isAlive()
                    || task.mParams == null || task.mParams.length == 0) {
                   Log.e(TAG, "mCommThread or task.mParams null");
                } else {
                    byte[] msg = null;
                    try {//消息打包
                        msg = DataProtocol.packMsg((String) task.mParams[0]);
                        sucess = mCommThread.write(msg);
                    } catch (UnsupportedEncodingException e) {sucess = false;}
                }
                if (!sucess) {   //若未发送成功
                    android.os.MessagereturnMsg = mActivityHandler.obtainMessage();
                    returnMsg.what = Task.TASK_SEND_MSG;
                    returnMsg.obj = "消息发送失败";
                    mActivityHandler.sendMessage(returnMsg);
                }
                break;
            }
            mTaskList.remove(task);// 移除任务
    }
```

# 习 题

1. 根据本章内容实现一个自动列出附件蓝牙设备的 Android 应用。
2. 根据本章内容实现一个基于蓝牙通信在两个 Android 手机间传输文件的应用。

# 参考文献

[1] 李宁. Android 开发权威指南 [M]. 2 版. 北京：人民邮电出版社，2013.
[2] Satya Komatineni，Dave MacLean. 精通 Android[M]. 曾少宁，杨越，译. 北京：人民邮电出版社，2013.
[3] Reto Meier. Android 4 高级编程 [M]. 佘建伟，赵凯，译. 3 版. 北京：清华大学出版社，2013.
[4] 王向辉，张国印，赖明珠. Android 应用程序开发 [M]. 2 版. 北京：清华大学出版社，2012.
[5] 杨丰盛. Android 技术内幕：系统卷[M]. 北京：机械工业出版社，2011.
[6] 邓凡平. 深入理解 Android：卷 1[M]. 北京：机械工业出版社，2011.

# 参考文献

[1] 李宁. Android 开发完全讲义[M]. 2版. 北京: 人民邮电出版社, 2013.

[2] Satya Komatineni, Dave MacLean. Pro Android[M]. 曾少宁, 司锦锋, 译. 北京: 人民邮电出版社, 2013.

[3] Reto Meier. Android 4 高级编程[M]. 李兢成, 译. 3版. 北京: 清华大学出版社, 2012.

[4] 王东华, 赵振国, 贾振堂. Android 汉字学习软件的设计[M]. 北京: 国防工业出版社, 2012.

[5] 李宁. Android 深度探索: 卷1[M]. 北京: 人民邮电出版社, 2012.

[6] 郭宏志. 深入理解 Android[M]. 北京: 机械工业出版社, 2011.